양자우연성

정보통신기술의 새로운 기회

양자우연성

니콜라스 지생 지음

이해웅 · 이순칠 옮김 | 김재완 감수

알랭 아스뻬 서문

승산

최진성

SK텔레콤 종합기술원장/CTO, 퀀텀정보통신연구조합 이사장

양자 얽힘이 갖는 비국소적 상관관계, 양자 무작위성, 양자공간이동과 같은 20세기 양자물리학의 신개념들은 인간의 지성으로 이해하고 받아들이기 매우 어려운 혁신적인 개념들입니다. 뉴턴 역학을 넘어선 물리학 최고의 천재라 불리는 알버트 아인슈타인은 이러한 개념들을 유령의 세계에서나 있을 수 있는 원격작용(spooky action at a distance) 라고 말했고, 양자역학의 영웅 리처드 파인만은 어느 누구도 완전히 이해할 수 없는 분야라고 말했습니다. 그렇지만 이처럼 난해한 신개념들이 21세기에 이르러 이론, 철학의 범주에서 현실의 기술로 변모하고 있는 것 또한 사실이며, 정보통신기술(ICT) 분야에 새로운 패러다임을 제공할 것으로 기대되는 매우 중요한 분야이기도 합니다.

과연 양자물리에 대한 이 복잡한 개념적 논쟁의 역사를 일반 대중들이 쉽게 이해하고 받아들일 수 있을까요? 스위스 제네바대학의 지생 교수는 이를 다양한 일상의 예제들에 대한 문답 형식을 통해 쉽고 명쾌하게 풀어내고 있습니다. 수학이나 물리학에 대한 전문지식이 없는 독자들이 받아들일 수 있을 정도입니다. 이 또한 새로운 혁신을 이뤄낸 것이라고 생각합니다.

곽승환

SK텔레콤 융합기술원 퀀텀테크랩장

양자정보통신기술은 간략히 말해 기존의 정보통신기술(ICT)에 양자역학적 효과를 도입한 기술을 의미합니다. 입자 및 파동의 성질을 동시에 갖는 이중성, 복제 불가의 원칙, 불확정성의 원리, 얽힘과 같은 양자역학의 성질을 정보를 저장하고 검색, 전송 처리하는 기술에 도입하여 기존 통신의 보안성과 속도를 획기적으로 개선하고, 슈퍼컴퓨터보다 수백, 수천만 배 빠른 처리 속도를 제공할 수 있는 획기적인 기술입니다. 또한 향후 다양한 확장을 통해 신약 개발, 의료기기, 군사무기 등 여러 산업에 확장될 가능성이 큰 기술이기도 합니다.

양자정보통신기술은 2000년대 초반부터 전 세계적인 개발 붐을 일으켜 세계 여러 국가에서 양자암호 및 양자컴퓨터 개발을 진행했지만 기초 과학 기술에 지속적으로 투자하는 몇몇 국가를 제외하고는 양자정보통신기술 개발은 명맥이 끊겼습니다.

하지만 최근 들어 정보통신기술의 발전을 기반으로 미국, 일본, 중국, 유럽, 캐나다, 호주, 싱가포르 등 여러국가에서 양자정보통신기술을 각 국가별 주요 과제로 설정하고 막대한 연구개발비를 지원하기 시작했습니다. 미국은 2008년 이후 연 1조원 이상을 투자하고 있으며 캐나다는 2010년 2,500억원을 양자정보통신기술에 투자했습니다. 또한 영국은 2014년에 4,600억원을 투자

했으며 네덜란드는 2015년 1,700억원 투자를 발표했습니다. 이런 시대 흐름 속에서 마침내 대한민국도 2015년 12월에 1,120억원 규모의 투자 계획이 있음을 발표했습니다.

SK텔레콤은 2005년부터 6년 동안의 준비기간을 거쳐 2011년 10월 종합기술원 내에 퀀텀테크랩(Quantum Tech Lab)을 개설하고 양자암호통신기술 상용화 및 양자컴퓨터 핵심 기술 확보를 위해 노력해 왔습니다. 통신사업자로서 데이터 전송의 속도 향상 기술 개발과 더불어 데이터 보안을 획기적으로 향상시키려는 목표를 가지고 있으며, 양자컴퓨터의 핵심 기술을 확보하여 양자컴퓨터 개발 경쟁에서 대한민국이 뒤쳐지지 않게 하는 것을 목표로 하고 있습니다. 단기간에 결과물을 내길 바라는 대기업 성향상 한 아이템에 4년 이상을 지속적으로 투자하는 것은 쉽지 않은 일이지만 SK텔레콤은 초연결 사회에서 가입자의 데이터 전송에 최고 수준의 보안성 제공이라는 목표와 대한민국 통신 주권 확보라는 목표로 지속적인 개발을 진행해왔습니다. 그리고 마침내 2015년 말에 국가 양자암호 시험망 구축을 눈앞에 두고 있습니다.

또한 SK텔레콤은 퀀텀테크랩의 설립 초창기부터 국내 양자정보통신 발전을 위해 여러 활동을 해왔습니다. 미래창조과학부에 설립 인가를 받은 퀀텀정보통신연구조합의 이사장사로서 양자정보통신의 국내 붐업을 위해 다양한 활동을 진행하고 있습니다. 『양자우연성』의 발간 역시 양자정보통신의 발전을 위한 여러 활동 중 하나로서 진행된 프로젝트입니다.

저자인 니콜라스 지생 박사는 스위스의 벤처회사인 id Quantique사의 공동 설립자이자 양자물리학의 권위 있는 물리학자입니다. 이 책은 양자역학이 어떤 기술적, 산업적 의미를 갖는지 독자들이 쉽게 이해할 수 있도록 수식을 최대한 배제하고 서술하여 입문자들이 쉽게 양자역학에 접근할 수 있게 도와줄 것입니다.

21세기는 양자정보통신기술의 시대입니다. 양자정보통신기술을 보유한 국가와 그렇지 않은 국가의 차이는 핵무기를 보유한 나라와 보유하지 않은 나라의 차이보다 더욱 커질 것입니다. 중고등학생, 기초과학 입문자 및 양자정보통신이 어떤 기술인지 지적 호기심을 가진 일반 독자들이 『양자우연성』을 통해 기본 개념에서부터 확장 기술까지 폭넓은 지식을 이해하여 보다 더 양자정보통신기술과 친숙해지기를 바랍니다.

『양자 우연성』은 현재 학계에서 진행되고 있는 최신 연구들을 통해 밝혀진 양자물리학의 가장 핵심적인 결과들을 그 정수를 놓치지 않고 제시한다. 더 나아가 이를 통해 인간 지성이 직면한 기존 세계관의 한계와 도전의 한복판으로 독자들을 이끈다. 우리가 사는 세계는 결정론적인가? 궁극적인 우연성이란 존재하는가? 이러한 질문들에 대해 양자물리학이 말해줄 수 있는 한계는 어디까지인가? 지난 반세기 동안 양자 혁명이 이루어 낸 주요 결과물들, 그리고 양자물리학이 제시하는 세계관을 들여다보는 지적 탐험이 두렵지 않은 독자라면 이 책을 놓쳐서는 안 된다.

정현석 서울대학교 물리천문학부 교수

목차

추천의 글

첫눈에 반했다! 지생Nicolas Gisin 박사는 벨 정리를 처음 접했을 때 받은 느낌을 이와 같이 표현했다. 그 얘기를 들었을 때 벨John Bell 박사의 논문 공부에 몰두해 있던 1974년 가을날이 떠올랐다. 당시에는 잘 알려져 있지 않았던 벨 박사의 논문은, 양자역학의 해석에 대한 아인슈타인Albert Einstein과 보어Niels Bohr의 논쟁을 해결해 줄 실험적 판정이 가능함을 보여준 논문이라 평가되었다. 당시에 아인슈타인, 포돌스키Boris Podolsky와 로젠Nathan Rosen(이 세 사람의 이름 첫 자를 따서 EPR이라고 부른다)이 제기했던 문제에 대해 알고 있던 물리학자가 몇 있었지만, 벨 부등식에 관해서 알고 있던 물리학자들은 많지 않았고 더구나 양자역학의 근본적 개념에 관련된 문제를 진지하게 연구할 만한 가치가 있다고 생각한 사람들은 거의 없었다. 1935년에 《피지컬 리뷰*Physical Review*》에 게재된 EPR논문은 대학 도서관에서 쉽게 찾아볼 수 있었지만 벨의 논문은 네 번 출간된 후 폐간되어 널리 알려져 있지 않았던 학술지에 발표되었으므로 찾아보기가 쉽지 않았다. 그때는 인터넷이 등장하기 전이어서 주요 학술지가 아닌 학술지에 게재된 논문은 복사되어 보급되었다. 나는 벨 논문의 복사본을 프랑스 광학연구원*Institut d'Optique*의 젊은 교수였던 앵베르Christian Imbert 박사의 서류철에서 구했다. 그 복사본은 쉬모니Abner Shimony 박사가 에

스파냐Bernard d'Espagnat 박사의 초청으로 오르세를 방문하기로 계획한 것을 계기로 앵베르 박사가 마련했던 것이다. 나는 벨의 아이디어의 마력에 사로잡혀 박사학위 논문 주제를 벨 부등식의 실험적 테스트로 결정했고, 앵베르 박사는 나를 그의 연구실의 일원으로 받아들여 주었다.

벨의 (매우 명료한) 논문에서 나는 실험물리학자들에게 주어진 결정적인 도전이 무엇인지를 알아낼 수 있었다. 그것은 얽힘의 관계에 있는 입자들이 그들을 만들어낸 근원지에서 측정지역으로 이동하는 동안에 편광측정기의 방향을 바꾸어야 하는 것이었다. 중요한 것은 물리 현상들이 빛보다 빠르게 전파될 수 없다는 상대론적 인과관계의 원리에 근거해서 편광기 방향이 입자를 발생하는 메커니즘이나 측정에 줄 수 있는 영향을 배제하는 것이었다. 그런 실험을 하면 양자역학과 아인슈타인의 세계관 사이에 존재하는 분쟁의 본질을 면밀히 조사할 수 있다. 아인슈타인은 두 원리를 결합한 국소적 실재를 옹호했다. 첫 번째 원리는 계의 **물리적 실재**physical reality가 존재한다는 것이다. 두 번째 원리는 **국소 가정**locality assumption, 즉 어떤 계도 그 계와 시공간에서 공간적 간격spacelike interval으로 떨어져 있는 다른 계의 영향을 받을 수 없다는 것이다. 왜냐하면 공간적 간격으로 떨어져 있는 두 계는 빛보다 빠르게 전파하는 영향으로 통신을 해야 되기 때문이다. 결국 우리의 실험 결과는 양자역학의 예측이 맞다고 판정했고, 아인슈타인이 설득력 있게 옹호했던 세계관인 국소 실재론을 버리게 만들었다. 그런데 우리가 버려야 할 건 실재론인가 국소이론인가?

물리적 실재의 개념을 버려야 한다는 논리는 나에겐 설득력이 없다. 왜냐하면 나는 물리학자의 역할이란 세계의 실재를 기술하는 것이며 단지 측정기구들에 나타나는 결과들을 예측하는 것만은 아니라고 생각하기 때문이다. 그렇다면 양자역학이 옳다는 결론을 피할 수 없는 현재 시점에서 우리는 아인슈타인의 상대론적 인과관계의 원리를 위배하는 비국소 상호작용nonlocal interaction의 존재를 인정해야만 하는가? 그리고 이 양자비국소성을 이용해서 빛보다 빠른 속도로 유용한 신호를 보낼 수 있을까? 예를 들어 빛보다 빠른 속도로 램프를 켜고 주식매매를 주문할 수 있을까? 여기에서 양자역학의 또 하나의 특성, 즉 근본적 양자미결정성fundamental quantum indeterminism의 존재가 역할을 하게 된다. 이것은 여러 가지 결과가 가능할 때 실험의 결과가 그중 어떤 것이 될지를 예측하기란 절대적으로 불가능하다는 것이다. 양자역학을 이용해서 가능한 결과들이 나올 확률은 정확하게 계산할 수 있다. 그러나 이 확률은 같은 실험을 여러 번 반복할 때 나타날 통계적 의미만을 줄 뿐이지 어떤 특정한 실험의 결과가 어느 것이 될지에 대해서는 아무것도 알려주지 못한다. 바로 이 근본적 양자무작위성fundamental quantum randomness이 빛보다 빠른 통신을 불가능하게 만든다.

양자물리학의 최신 발전을 다룬 많은 대중서적 중에서 지생 박사의 이 책은 특히 근본적 양자무작위성의 역할을 강조한다. 근본적 양자무작위성이 없다면 언젠가는 빛보다 빠른 통신을 꿈꿀 수 있으며, 그것이 실현된다면 공상과학의 신화적 발명품은 우리가 지금 알고 있는 물리학에 근본적인 수정을 가져올 것이다. 물론 이 책의 목적은 어떤 형태의 수정도 용납하지 않는, 건드릴 수 없는 불변의 물리 법칙들이 존재함을 입증하려는 것이 아니다. 오히려 나는 개인적으로 모든 물리 이론이 언젠가는 그것을 포괄하는 더 큰 이론으로 대체될 것이라고 믿는다. 그러나 지금 우리가 가지고 있는 이론 가운데 일부는 너무 근본적인 것들이라 수정이 된다면 영향력이 막대한 개념적 혁명을 불러일으킬 것이다. 인류 역사 속에서 실제로 그런 혁명이 몇 번 일어났지만, 아주 드물고 예외적인 사건이기 때문에 가볍게 상상해서는 안 된다. 이런 의미에서, 양자비국소성이 정말로 특이한 개념임에도 초광속 통신을 허락하지 않는 상대론적 인과관계의 원리를 왜 전복시키지 못했는가에 대한 설명은 이 책에서 특히 주목할 만한 부분이라고 생각된다.

『양자우연성』이 이 문제에 대해 다른 대중서적들과는 다른 특별한 입장을 취했다는 사실은 전혀 놀랄 일이 아니다. 왜냐하면 지생 박사는 20세기의 4분기에 일어났던 양자혁명을 주도한 핵심멤버 중 한 사람이기 때문이다. 20세기의 시작과 함께 일어났던 첫 번째 양자혁명은 파동-입자 이중성의 발견에 근거한 것이었다. 이것은 물질을 이루는 원자들, 금속이나 반도체에서 전류가 흐르게 하는 전자의 구름들, 빛 안에 있는 수십억 개의 광자들의 통계적 행동을 매우 정확하게 기술하는 방법을 제공한다. 또한 고체의 역학적 특성을 이해하는 데 필요한 도구를 제공해 주었다. 고전물리학은 서로 끌어당기는 양전하와 음전하로 구성된 물질이 왜 붕괴하지 않는지를 설명하지 못했었다. 양자역학은 물질의 전기적, 광학적 특성의 정밀하고 정량적인 기술을 가능하게 했고, 초전도나 소립자들의 특이한 특성과 같은 놀라운 현상들을 기술하는 데 필요한 개념적 틀을 마련해 준다. 이러한 첫 번째 양자혁명으로 인해서 물리학자들은 트랜지스터, 레이저, 집적회로 등과 같은 새로운 장치들을 발명해냈고 현재와 같은 정보사회시대로 우리를 이끌었다. 그런데 1960년대에 들어서면서 물리학자들은 첫 번째 양자혁명 동안 뒤로 미루어 두었던 새로운 질문들을 던지기 시작했다.

- 순수하게 통계적 예측만 주는 양자물리를 어떻게 미시세계의 단일 양자체에 적용할 수 있을까?

- 얽힘entanglement의 관계에 있는 두 양자계의 놀라운 특성들은 1935년의 EPR논문에는 기술되어 있지만 아직 관측된 적은 한 번도 없는데, 이 특성들은 정말로 자연에서 나타나는 일인가, 아니면 우리는 이 문제를 기술하는 데 있어서 양자역학의 한계에 도달했는가?

이 질문들에 대한 대답은 실험물리학자들이 가장 먼저 도출해냈고 이후에 이론물리학자들이 다듬었다. 그리고 그 대답들이 지금 진행되고 있는 두 번째 양자혁명의 시작을 유도했다.[*]

단일 양자체의 특성은 물리학자들 사이에서 활발한 논쟁의 대상이 된 주제였다. 대부분의 물리학자들은 오랫동안 이 문제 자체가 의미가 없다고 생각했다. 단일 양자체를 관측하고 더구나 제어하고 조작하는 일은 불가능하다고 생각했기 때문에 어쨌든 중요하지 않다고 여겨 왔다. 슈뢰딩거Erwin Schrödinger 의 말을 빌리자면[**]

---

[*] 예를 들어 다음을 참조하라. A. Aspect: John Bell and the second quantum revolution, forward of J. Bell: Speakable and Unspeakable in Quantum Mechanics: Collected Papers on Quantum Philosophy, Cambridge University Press (2004); J. Dowling and G. Milburn: Quantum technology: the second quantum revolution, Philosophical Transactions of the Royal Society of London. Series A: Mathematical, Physical and Engineering Sciences **361**, 1809, pp. 1655-1674 (2003).

[**] E. Schrödinger: Are there quantum jumps? British journal for the Philosophy of Sciences, Vol. III, p. 240.

마치 동물원에서 공룡을 키우지 못하는 것과 같이 우리는 단일 입자를 대상으로 실험할 수 없다고 말하는 게 타당하다.

그러나 1970년대 이후에 들어서면서 실험물리학자들은 전자, 원자, 이온과 같은 단일 미시계를 관측, 제어, 조작하는 방법을 개발했다. 나는 아직도 1980년 보스턴에서 개최된 원자물리학 국제학술회의에서 토섹Peter Toschek 박사가 포획된 단일 원자의 이미지를 최초로 보여주었을 때 느꼈던 열광을 기억한다. 그 이미지는 레이저 빛을 이온에 입사시켰을 때 나오는 형광광자들에 의해서 직접 관측되었다. 그 이후 실험의 진전에 따라 양자도약의 직접적인 관측도 가능해지면서 수십 년 동안 지속되던 논란에도 종지부를 찍었다. 그에 따라 계산 과정에서 통계적 해석이 제대로 이루어진다면 단일 양자계의 특성도 양자물리학으로 완전하게 기술될 수 있음이 확인되었다. 얽힘의 특성에 관한 두 번째 질문에 답하기 위해, 벨 박사와 같은 이론과학자들이 꿈꿨던 이상적인 조건에 점점 근접해 가면서 광자쌍을 대상으로 한 실험들이 수행되었다. 놀랍게 느껴질 수도 있겠지만, 이 모든 실험들도 한결같이 양자물리의 예측이 맞음을 입증해 주었다.

1980년대에 광섬유를 연구하는 응용물리그룹을 이끌고 있었던 지생 박사는 항상 양자역학의 근본이론에 깊은 관심을 가지고 있었다. (그 당시에는 이런 문제를 연구하는 것이 가치 있다고 여겨지지 않았으므로 이에 대한 관심을 겉으로 드러내지 않았을 것이고, 적어도 그의 고용주에게는 조심스럽게 그 관심을 표명했을 것이다.) 따라서 지생 박사가 광섬유에 주입시킨 광자쌍의 얽힘을 테스트한 최초의 인물 중 한 사람이었다는 것은 너무나 당연한 일이다. 광섬유기술에 대한 상세한 지식을 갖고 있던 그는 제네바시의 상용 전자통신망을 이용해서 얽힘이 수십 킬로미터 거리까지 유지될 수 있음을 보였는데, 이는 실험물리학자인 그들마저도 놀랄 만한 발견이었다! 그는 개념적으로 간단한 여러 테스트들을 수행해서 멀리 떨어진 두 사건들 사이에 존재하는 얽힘의 아주 놀라운 특성들을 밝혀냈고, 또한 양자공간이동quantum teleportation 프로토콜을 구성했다. 그는 양자근본이론과 광섬유응용에서의 전문지식과 기술을 결합해 양자암호, 진정한 난수발생 등과 같은 얽힘의 응용을 최초로 개발한 과학자 중 한 사람이다.

지생 박사는 이런 재능을 이 흥미로운 책에서 유감없이 드러냈다. 그는 양자물리의 미묘한 문제들을 수학에 의존하지 않고 일반대중이 이해할 수 있게 설명하는 데 성공했다. 얽힘, 양자 비국소성, 양자 무작위성 등을 설명했고 많은 응용들을 기술했다. 그러나 이 책은 단순히 일반대중의 이해를 위해서만 쓰인 것은 아니다. 저자가 말했듯이, 양자 전문가들도 이 책에서 아직 그 진정한 본성과 중요성이 명확하게 밝혀지지 않은 이러한 현상들에 대한 깊이 있는 토론들을 발견할 것이다. 국소실재론local realism에 대한 실험적 반증으로 인해서 우리가 포기해야 될 것은 무엇인가, 물리적 실재의 개념인가 아니면 국소이론의 아이디어인가라는 문제에 대해* 나는 지생 박사와 같은 의견이다. 즉 국소실재론의 개념이 일관되고 지적으로 만족스럽다 하더라도 그것을 두 부분으로 나눠서 그중 하나만을 택하는 것은 만족스럽지 못하다. 어떤 계가 공간적

---

* 우리는 자유의지의 개념을 부정하는 막판 해결책까지 생각할 필요는 없겠다. 이것은 라플라시안(Laplacian) 결정론에 따라 인간을 신의 지시에 따라 움직이는 단순한 꼭두각시로 만든다.

간격으로 떨어져 있는 다른 계에서 일어나는 일에 영향을 받는다면, 시공간에 국한되어 있는 계의 자주적인 물리적 실재를 어떻게 정의할 수 있겠는가?이 책에서는 좀 더 온화한 해결책을 제시한다. 근본적인 양자 무작위성의 존재를 고려하면, 비국소 물리적 실재와 아인슈타인이 그렇게 아끼던 상대론적 인과 relativistic causality는 좀 더 평화롭게 공존할 수 있다는 것이다. 이런 의미에서, 이 문제에 관해서 이미 알고 있던 물리학자들에게도 지생 박사의 책은 좀 더 깊이 생각할 거리를 준다. 한편 비전문가 독자들은 이 책에서 얽힘과 양자 비국소성의 신비를 발견할 것이다. 세계 최고 전문가 중 한 사람*인 저자의 명료한 설명에 힘입어 문제의 핵심으로 곧바로 진입하면서 모든 미묘한 세부사항들을 배울 수 있을 것이다.

2012년 5월 프랑스 팔레조에서

알랭 아스뻬

알랭 아스뻬(Alain Aspect)
프랑스 태생 물리학자로 프랑스 광학연구그룹 소장으로 재직 중이다. 카샹고등사범학교를 졸업했고 오르세대학에서 학위를 받았다. 2005년 프랑스 국립과학연구센터 금메달 수상, 2010년 울프상 수상, 2012년 알버트 아인슈타인 훈장을 받았다.

* 지생 박사는 양자역학의 근본적 문제들과 그 응용에 관한 연구를 인정받아 2009년에 매우 권위 있는 상인 존 스튜어트 벨 상(John Stewart Bell prize)의 첫 번째 수상자가 되었다.

한국어판에 부치는 서문

양자이론은 직관과 어긋나는 원자와 광자의 세상을 기술한다. 그러나 양자물리는 DVD에 사용되는 레이저나 전기를 소모 없이 전달하고 가속기에서 입자들을 유도하는 초전도체, 그리고 현대의 전자기기에 사용되는 모든 반도체 등 많은 곳에 응용되고 있다. 이 모든 응용은 양자적 입자들의 집단 성질을 이용한다. 지난 4반세기는 개개 입자의 단계에서 완전히 새로운 가능성들이 발현되는 시기였다. 이 책은 이 새로운 응용을 뒷받침하고 있는 놀라운 물리를 수식 없이 설명한다. 예를 들어 양자적 우연은 정보기반사회에서 소중한 자산인 진정한 난수를 만들어준다. 그리고 양자적 비국소성은 암호체계에 즉시 사용될 수 있는 완벽한 비밀 키의 분배를 가능케 한다.

한국은 정보통신기술이 가장 발달된 국가이며, 이러한 단단한 기반을 바탕으로 정부 주도하에 양자암호시험통신망을 구축하고 진정난수생성기를 반도체화시키는 등 구체적인 프로젝트를 진행하고 있고, 미래지향적 응용의 활용에 있어 가장 두드러진 성과를 보이는 국가 중 하나이다. 『양자우연성』의 한국어판 출간을 통해 많은 대한민국 독자들이 양자역학에 대한 지식을 얻고 그것을 응용하는 데 도움이 되기를 기원한다.

서문

당신이 만일 뉴턴Issac Newton의 혁명시대에 살았었다면 당시에 일어나고 있는 일들을 이해하기를 원했을까? 현재 우리는 그 당시와 비슷하게 중요한 또 하나의 개념적 혁명의 시대를 살고 있는데, 이는 양자물리학이 주도하고 있다. 이 책의 목적은 지금 어떤 일들이 일어나고 있는지를 독자들이 이해하도록 돕는 것이다. 수학 없이, 그러나 개념적 어려움을 감추지 않으면서 그 목적을 달성하려고 한다. 물리학이 세운 가정들의 결과를 탐구하고 예측한 현상들을 정밀하게 계산하기 위해서는 수학이 필요하지만, 물리학의 위대한 이야기를 서술하는 데에는 수학이 필요하지 않다. 물리학에서 흥미로운 것은 수학이 아니고 개념이기 때문이다. 따라서 여기서 나의 목적은 수식을 다루는 것이 아니라 이해를 돕는 것이다.

어떤 부분은 성실한 지적 노력이 있어야 이해가 될 것이다. 누구든지 어느 정도는 이해할 테지만 아무도 모든 부분을 이해하지는 못할 것이다! 이 분야에서는 이해라는 개념 자체가 희미하다. 그러나 누구든지 현재 진행되고 있는 개념적 혁명의 적어도 일부분은 이해할 수 있을 것이고, 그로부터 기쁨을 느낄 것이다. 그러기 위해서 모든 것이 다 명백하게 드러날 것이라는 생각과 물리학을 이해하려는 것은 헛수고에 지나지 않는다는 생각을 버리고 이 책을 대해야 한다.

만일 이해가 전혀 안 되는 부분이 있더라도 그냥 읽어 나가기를 권한다. 다음에 나오는 이야기가 이해하지 못했던 부분의 의미를 밝혀줄 수 있을지도 모른다. 또는 가끔은 그것이 내 동료 물리학자들을 위해서 끼워 넣은 미묘한 얘기일 수도 있다. 이 책을 흥미롭게 읽을 물리학자들도 있을 테니까 말이다. 만일 필요하다면 이해하지 못했던 부분으로 돌아가 다시 읽어볼 수 있다. 중요한 것은 모든 것을 다 이해하는 것이 아니라 전체적인 개요를 파악하는 것이다. 책을 다 읽고 나면 수학 없이도 꽤 많은 물리학을 이해할 수 있다는 것을 알게 될 것이다!

양자물리학은 장황한 해석과 불명확한 철학적 논쟁의 대상이 되어 왔다. 그런 함정에 빠지지 않기 위해서는 우리의 상식에 의존하면 된다. 물리학자들은 실험을 수행할 때 객관적 실재를 추구한다. 그들은 어떤 질문을 언제 던질지를 결정한다. 그리고 답이 나오면, 예를 들어 답이 빨간 빛으로 나오면, 그들은 그것이 정말 빨간 빛인지 아니면 일종의 환상인지를 묻지 않는다. 답은 빨강이고 그것으로 끝이다.

어떤 이야기는 이 책의 여러 장에 반복해서 나올 것이다. 교수로서의 내 경험에 따르면 중요한 쟁점들은 여러 각도에서 생각해 보는 것이 매우 유용하다. 마지막으로 이 책이 역사적으로 정확하다는 주장은 하지 않겠다. 저명한 과학자들에 대한 나의 이야기는 전문 물리학자로서 살아 온 30여 년 동안 보고 듣고 수집해 온, 그들에 대한 나의 인상을 반영한 것뿐이다.

서론

우리는 손이 닿을 수 없는 먼 곳에 놓여 있는 물체에 영향을 가하는 두 가지 가능한 방법이 있다는 것을 어린 시절에 배운다. 아기들이 기어가듯이 그 물체에 다가가거나 우리의 팔이 미칠 수 있는 범위를 연장시켜 주는 긴 막대를 이용하는 방법이다. 성장하면서 우리는 더욱 효과적이고 정교한 메커니즘들이 있다는 사실을 발견한다. 예를 들어 우체통에 편지를 넣으면 우체부가 수거해서 손이나 기계로 분류한 후 화물차나 기차 또는 비행기가 운반하고 마침내 봉투에 적힌 이름의 주인이 사는 집으로 배달된다. 인터넷, 텔레비전과 그 밖의 다른 많은 일상의 예들은 공간상에 떨어져 있는 두 물체 사이에서 상호작용이나 통신이 어떤 주어진 메커니즘에 의해서 한 점에서 근처의 다른 점으로 연속적으로 전파해 나가는 것을 보여준다. 그 메커니즘은 복잡할 수도 있지만 적어도 원칙적으로는 공간과 시간에서 식별될 수 있는 연속적인 궤도를 따른다.

그럼에도 불구하고 우리가 직접 인식할 수 있는 범위 너머의 세계를 탐구하는 양자물리는 공간적으로 멀리 떨어져 있는 물체들이 때때로 단일체로 행동한다고 주장한다. 그런 계의 경우에는 그 계의 부분들이 아무리 멀리 떨어져 있더라도 우리가 그 계의 한 부분을 찌르면 그 부분뿐 아니라 다른 부분까지 움찔한다. 그러나 이 주장을 어떻게 믿을 수 있을까? 이런 주장을 검증할 수 있을까? 어떻게 이해할 수 있을까? 멀리 떨어져 있지만 단일체로 행동하는 양자물리의 이 기묘한 현상을 장거리 통신에 적용할 수는 없을까? 이 질문들이 이 책에서 대답을 찾으려는 주된 질문들이다.

나는 독자들과 함께 한 점에서 다음 점으로 연속적으로 전파해 나가는 상호작용에 의해서는 기술될 수 없는 매혹적인 세계, 즉 비국소 상관관계nonlocal correlation가 어쩔 수 없는 현실로 존재하는 세계를 탐험하고자 한다. 탐험을 해 나가면서 궁극적 우연irreducible chance, 상관관계, 정보, 심지어 자유의지 등의 개념을 살펴볼 것이다. 또한 어떻게 물리학자들이 비국소 상관관계를 만들어내고, 어떻게 이 멋진 비국소 상관관계를 이용해서 절대적으로 안전한 암호열쇠를 만들어내는지, 그리고 양자공간이동을 어떻게 수행하는지를 보게 될 것이다. 이 책의 또 하나의 목적은 과학적 방법을 보여주는 것이다. 우리는 어떤 과정을 거쳐서 직관에 완전히 어긋나는 현상이 실제로 사실이라고 믿게 되는가? 그런 패러다임의 변화를 겪기 위해서는, 이런 유형의 개념적 혁명을 받아들이기 위해서는 어떤 증명이 요구되는가? 잠시 한 발짝 물러서서 보면 양자비국소성의 이야기가 사실은 단순하고 매우 인간적임을 알게 될 것이다. 또한 자연이 우연적 현상(궁극적 우연!)을 만들어내는 것을 볼 것이다. 이 우연적 현상은 공간상에서 멀리 떨어져 있는 점들에서 동시에 일어날 수도 있다. 또한 그 점들을 잇는 경로를 따라 연속적으로 전파하는 아무것도 없는 상황에서 일어날 수 있다. 그렇지만 우리는 이 현상들의 우연적 특성 때문에 이 유형의 비국소성을 통신에 이용할 수는 없음을 볼 것이다. 따라서 어떤 통신도 빛보다 빠르게 움직일 수 없다는 상대성이론의 기본원리에 위배되지는 않는다.

우리는 특별한 시대에 살고 있다. 멀리 떨어져 있는 물체들은 상호작용을 할 수 없다는 우리의 확고했던 직관이 옳지 않다는 사실이 물리학에서 발견되었다. 여기서 상호작용이 정확히 무엇을 의미하는지 확실히 짚고 넘어갈 필요가 있다. 물리학자들은 우리에게 매우 신비로워 보이는 원자, 광자 및 다른 입자들의 세계인 양자물리의 세계를 탐구한다. 이들을 좀 더 면밀히 들여다보지 않고 이 혁명을 지나치는 것은 뉴턴이나 다윈Charles Darwin의 시대에 살면서 그들의 혁명을 모르고 지내는 것 같이 부끄러운 일이다. 현재 일어나고 있는 개념적 혁명은 그때의 혁명들 못지않게 중요하기 때문이다. 이 혁명은 자연에 대한 우리의 관점을 완전히 뒤집어 놓고 있으며, 마법 같이 보일 새로운 여러 가지 기술을 이끌어낼 것이다.

2장에서는 우리가 벨 게임Bell's game이라고 부를 게임을 소개하고 이에 대한 논의를 통해서 우리 주제의 핵심인 상관관계의 개념을 논의한다. 우리는 공간상의 한 점에서 다른 점으로 전파해 가는 상호작용들만이 허용되는 조건 하에서는 만들어질 수 없는 상관관계들이 존재함을 보일 것이다. 양자물리가 언급되지는 않지만 2장은 뒤따를 논의들을 위해서 꼭 필요하다. 아마도 2장은 가장 이해하기 어려운 장이 되겠지만 이 책의 나머지 장들이 2장을 더 잘 이해하는 데 도움이 될 것이다.

그런 다음 우리는 누군가 벨 게임에서 이긴다면 어떻게 반응해야 하는지에 대해 논의할 것이다. 양자물리에서는 벨 게임에서 이기는 게 가능하지만 상식적으로는 불가능한 일이다. 3장에서는 진정한 우연true chance이라는 개념에 대해 논의할 것이고, 4장에서는 양자계 복제의 불가능성에 대해 살펴볼 것이다. 그다음의 두 장에서는 양자물리학이라는 기묘한 이론을 소개한다. 우선 얽힘의 이론적 개념을 고려한 다음, 연관되는 실험들을 기술하여 결국은 **자연이 비국소적이라는** 피할 수 없는 결론에 도달할 것이다.

그러나 그 결론을 받아들이기 전에 우리는 그 결론을 정말로 피할 수 없는지를 물을 것이다. 9장에서는 자연의 국소적 기술을 유지하려는 물리학자들의 여러 이론적 시도들을 점검해 보겠다. 이 주제는 물리학계에서 아직도 많은 관심과 논의의 대상이 되고 있으며, 물리학자들의 타고난 재치를 엿볼 수 있는 부분이기도 하다! 10장에서는 아직도 진행되고 있는 흥미로운 연구들을 기술한다. 이것은 우리를 과학연구세계의 최첨단으로 이끌 것이다.

이런 걸 알아서 어디에 써 먹는가?

가장 자주 받는 질문이다. 마치 당장 응용이 안 되는 일이면 알 필요가 없다는 느낌을 주는 질문이다. 이에 대한 나의 대답은 영화는 왜 보러 가는가? 이다. 그런데 영화를 보러 갈 때는 내가 돈을 내지만 내가 정말로 좋아하는 이 연구를 하면서는 반대로 월급을 받으므로 이 대답은 그다지 적절하지 않을 수도 있다. 그러나 솔직히 가장 좋은 대답은 이것이 굉장히 흥미롭다는 것이다! 나는 응용물리그룹을 이끌고 있지만 매일 아침 새로운 장치를 발명할 희망에 차서 침대를 뛰쳐나오지는 않는다. 나는 단지 물리학에 매료당한 것이다! 단지 자연을 이해하는 것, 특히 자연이 어떻게 비국소 상관관계를 만들어내는지를 이해하는 것이 내게는 충분한 동기가 된다. 그러면 나는 왜 응용물리그룹에서 일을 하는가? 단순한 기회주의인가? 사실은 개념을 이해하는 것이 우리의 가장 중요한 동기일 때 오히려 더 응용에 관심을 가져야 할 좋은 이유가 있다. 타당성 있는 새로운 개념은 반드시 중요한 결과를 낳기 때문이다. 현실적 차원에서 새로운 가능성을 열어줄 것이다. 그 개념이 더 혁신적일수록 응용은 더 미래지향적이다. 응용가능성에 대한 연구의 큰 장점은 바로 그 연구가 근본적인 개념을 테스트하는 도구를 마련해 주기 때문이다. 또한 응용이 확인되면 아무도 그 개념의 타당성을 부인할 수 없다! 현실세계에서 실제로 응용되는 개념의 타당성을 누가 부인할 수 있겠는가?

양자비국소성이 바로 좋은 예이다. 첫 응용이 있기까지 얽힘과 비국소성은 무시당했고 대다수의 물리학자들은 순전히 철학적인 문제라며 도외시했다. 1991년 이전에 이 문제를 연구하려는 사람들에게는 용기와 배짱*이 필요했다. 지금은 모든 과학자들이 이 연구의 결과를 주시하지만 당시에는 이 문제를 연구하는 사람을 채용하는 대학이나 연구소가 거의 없었다. 물론 연구센터들에 자금을 지원하는 정부는 기본 개념들보다 양자 기술에 더 관심을 보인다. 그렇지만 중요한 것은 이런 연구센터에서 공부하는 학생들이 새로운 물리학을 배워야 한다는 것이다.

7장에서는 이미 상용화된 두 응용인 양자암호와 양자난수발생기를 소개하고, 8장에서는 가장 놀라운 응용인 양자공간이동을 기술하겠다.

---

* 아스뻬 박사가 연구자로서의 길에 들어설 무렵 벨 박사를 찾아가 벨 실험을 수행하겠다고 말했을 때 벨 박사는 자네의 직장 자리는 영구직인가? 라고 물었다고 한다. 그의 경험에 비추어 벨 박사는 젊은 물리학도가 기존의 과학계에서 경멸 당하고 있는 주제에 대해서 연구하는 것이 위험함을 알고 있었다.

감사의 글

이 책을 쓰고 나니 함께 흥미진진한 토론을 나누었던 나의 모든 학생들과 공동연구자들이 생각난다. 또한 초판을 읽고 비평해 준 모든 분들에게 감사를 표하고 싶다. 특히 프랑스어 판의 편집자 니콜라스 위트코우스키Nicolas Witkowski와 영어로 번역해 준 스테판 라일Stephen Lyle에게 감사를 전한다. 이 책은 그들의 인내와 숙련된 기술에 힘입은 바가 크다. 또한 자금을 지원해 준 Fonds national suisse de la recherche scientifique와 유럽 그리고 연구를 위한 쾌적한 장소를 제공해 준 제네바대학에도 감사드린다. 마지막으로 나를 물리학의 흥미진진한 시대에 살게 해 주고 조금이나마 물리학에 보탬이 되게 해 준 섭리에 감사한 마음을 표한다.

CHAPTER 1

에피타이저

이 책의 주제로 들어가기 전에 준비과정으로 짤막한 이야기 두 개를 해 볼까 한다. 하나는 과거에 실제로 일어났던 실화이고 또 하나는 순전히 꾸며낸 이야기지만 가까운 장래에 일어날 수 있는 일이다.

뉴턴: 터무니없는 모순

뉴턴의 만유인력 법칙은 누구나 알고 있는 유명한 법칙이다. 모든 물체 사이에는 서로 끌어당기는 힘이 작용하고, 그 힘의 크기는 물체들의 질량과 서로 간의 거리에 의해 결정된다(좀 더 정확하게는 거리의 제곱에 반비례하는데, 여기서는 중요하지 않다). 예를 들어 태양과 지구는 서로 끌어당기는 힘에 의해 구속되어 있는데, 이 힘은 원심력과 균형을 맞추어 지구가 태양 주위의 근사적인 원 궤도에 머물도록 한다(저자는 이해를 돕기 위해 원심력을 언급했지만 실제로는 원심력과 반대 방향의 구심력이 존재한다. 따라서 이 힘은 지구가 태양을 중심으로 근사적인 원 궤도를 따라 움직일 때 필요한 구심력을 제공한다 라고 말하는 것이 물리적으로 맞는 기술이다-옮긴이). 이 힘은 태양 주위를 도는 다른 행성들, 지구 주위를 도는 달 그리고 은하 무리의 중심 주위를 도는 우리 은하에도 똑같이 적용된다.

지구와 달을 생각해 보자. 어떻게 달이 지구의 질량 및 달과 지구 사이의 거리에 의해서 결정되는 크기의 힘으로 지구를 향해서 끌어당겨져야 되는 것을 알 수 있을까? 달은 어떻게 지구의 질량과 지구까지의 거리를 알 수 있을까? 앞서 서론에서 언급했던 아기처럼 막대자를 사용하는가? 또는 어떤 작은 공들을 던지는 것은 아닌가? 특별한 어떤 방법으로 통신을 하지는 않는가? 얼핏 유치해 보이는 이런 질문들은 사실은 매우 진지하고 심각한 질문이다. 뉴턴은 이런 문제들에 상당한 흥미를 느꼈다. 만유인력의 법칙을 발견했고 또 그것으로 인해 높은 명성을 얻었지만 그는 이것이 영 터무니없어서 올바르게 생각하는 사람이라면 진지하게 받아들일 수 없다고 생각했다(상자 1 참조).

뉴턴의 직관이 옳았음이 입증되기까지는 수백 년이 걸렸다. 아인슈타인이란 천재가 나타나서 개념의 빈틈을 메우고 만족할 만한 해답을 줄 때까지 기다려야만 했다. 지금의 물리학자들은 중력이나 두 전하 사이에 작용하는 상호작용에서 나타나는 원격작용$_{\text{action at a distance}}$이 즉각적이지 않다는 것을 알고 있다. 그것은 전달자들의 교환의 결과로 나타나는 것이고, 따라서 위에서 언급한 작은 공들 의 얘기가 맞는 것으로 드러났다. 이 전달자들은 아주 작은 입자들인데 물리학자들은 이 입자들에 이런저런 이름을 붙인다. 중력의 전달자는 중력자, 전기력의 전달자는 광자라고 부른다.

상자 1. 뉴턴

중력은 물체에 내재하는 고유의 본질적인 힘이며, 작용과 힘이 서로에게 전달할 아무런 매개체 없이 진공을 통해서 공간적으로 떨어져 있는 두 물체에 작용한다고 말하는 것은 너무나 터무니 없어서, 철학적으로 제대로 사고하는 어떤 사람도 믿지 않을 것이라고 생각된다.[*]

---

[*] Cohen, B., Schofield, R.E. (Eds): *Isaac Newton Papers and Letters on Natural Philosophy and Related Documents*, Harvard University Press (1958).

아인슈타인 이후로 물리학에서는 자연을 한 점에서 인접한 다른 점으로 연결되는 공간에서 상호작용하는 국소적 실체들의 집합으로 기술하였다. 이 아이디어는 확실히 세계에 대한 우리의 직관과 일치하고 뉴턴의 직관과도 일치한다. 그러나 오늘날 물리학은 원자와 광자의 세계를 기술하는 양자물리라는 두 번째 이론적 토대에 근거하고 있다. 아인슈타인도 양자물리학의 발견에 기여하였다. 그는 1905년 광전효과를 해석하면서 빛의 입자들, 즉 광자들이 마치 당구공과 같이 금속 표면의 전자들과 직접적인 충돌을 통해 상호작용한 결과로 전자들이 금속 표면에서 튀어 나온다고 설명하였다. 그러나 양자이론이 본격적으로 발전하면서 아인슈타인은 이 기묘한 새 이론이 새로운 형태의 원격작용을 재도입함을 인식하게 되었고 좀 더 비판적인 입장을 취했다.[*] 300년 전의 뉴턴과 마찬가지로 아인슈타인은 이 가정을 유령의 세계에서나 일어날 수 있는 원격작용spooky action at a distance이라고 말하면서 터무니없다고 생각했고 받아들이지 않았다.

양자역학은 현대물리학의 가장 핵심이 되는 학문으로 확실하게 자리잡고 있다. 그리고 양자역학은 아인슈타인이 반기지 않았을 비국소성의 형태를 포함하고 있다. 그러나 이 비국소성은 뉴턴을 괴롭혔던 비국소성과는 매우 다르다. 이 비국소성의 형태는 여러 실험들에 의해 공고히 뒷받침되고 있고 암호학에도 응용이 가능할 것으로 보이며, 양자공간이동이란 흥미로운 현상도 가능하게 할 것으로 보인다.

---

[*]　Gilder, L.: *The Age of Entanglement. When Quantum Physics Was Reborn*, Alfred A. Knopf (2008).

특이한 비국소 전화

이제 공상과학 얘기를 해 보자. 그렇지만 아주 먼 미래의 얘기는 아니고 곧 현실이 될 수도 있는 얘기일 것이다. 두 사람 간의 전화 연결을 생각해 보자. 통상적인 관습에 따라 두 사람의 이름은 영어 알파벳의 A와 B로 시작하는 앨리스와 밥으로 하겠다. 가끔씩 일어나는 일이지만 잡음 때문에 연결 상태가 좋지 않다고 가정하자. 상태가 아주 안 좋아서 밥이 말하는 것을 앨리스가 전혀 알아들을 수 없는 경우를 생각하자. 앨리스가 들을 수 있는 것은 지속적인 잡음 — ㅊㅈㅅㅎㅊㄹ — 뿐이다. 마찬가지로 밥도 같은 잡음 — ㅊㅈㅅㅎㅊㄹ — 을 듣는다. 그들은 수화기에 대고 큰 소리로 외쳐도 보고 수화기를 이리저리 만져도 보고 방 안을 여기저기 돌아다녀도 보지만 아무 소용이 없다. 아무런 도움이 안 된다. 짜증난다! 통화가 불가능한 이 기기는 전화라고 부를 가치도 없는 기기임이 확실하다.

그러나 앨리스와 밥은 물리학도들이다. 그들은 각자 자신들의 기기가 발생시키는 잡음을 1분간 녹음한다. 이렇게 하면 앨리스는 자신은 정직하게 최선을 다했다고 밥에게 증명할 수 있고 밥도 마찬가지이다. 그런데 앨리스와 밥은 각자 녹음한 잡음들이 놀랍게도 완전히 똑같다는 것을 알게 된다. 그런데 두 녹음기 모두 디지털 방식으로 작동하므로 앨리스와 밥은 녹음되어 있는 정보의 각 비트들도 완전히 같다는 것을 알 수 있다. 믿기 힘든 일이다! 그렇다면 잡음의 근원은 교환원이나 전화선의 어딘가에 있을 것이다. 같은 시각에 완전히 같은 잡음이 나오므로 그들은 잡음의 근원지가 정확히 전화선의 중앙에 위치해 있다고 추론한다. 그래야만 같은 시각에 같은 잡음이 도착할 것이다.

그들은 잡음의 근원이 아마도 전기와 관련된 문제이고 전화선의 중앙에 위치해 있을 것이라는 그들의 가정을 검증해 보기로 한다. 앨리스는 긴 케이블을 연결해서 자신의 전화선 길이를 연장한다. 그러면 앨리스가 받는 잡음은 밥이 받는 것보다 약간 지체될 것이다. 하지만 그렇지 않다! 아무 변화도 없다. 잡음이 사라지지 않을 뿐 아니라 계속해서 같은 시각에 완전히 같은 잡음이 나온다. 이번에는 밥이 자신의 전화선을 절단한다. 그런데도 잡음은 계속된다!

이런 현상을 어떻게 설명할 수 있을까? 바닥에 깔린 전화선의 용도는 전화기의 이동 경로를 알려주는 용도일 뿐인가? 실제로는 무선 휴대폰인데 순전히 편의를 위해서 벽에 장착한 것인가? 또는 잡음이 수화기 사이에 위치한 어떤 원인에서 오는 것이 아니라 수화기 자체 내에서 만들어지는 것인가? 멀리 있는 어떤 은하계에서 일어난 폭발이 두 수화기에 같은 잡음을 만들어낸 것은 아닐까? 이런 가정들을 어떻게 검증할 수 있을까? 전자기파에 대한 지식을 갖고 있는 밥은 패러데이 새장Faraday cage, 즉 모든 라디오파를 차단하는 금속망에 자신을 가두어 본다. 그러나 여전히 잡음은 계속된다. 앨리스가 서로 멀리 떨어져 볼 것을 제안한다. 그러면 두 수화기 간의 통신을 가능하게 하는 메커니즘이 무엇이든 간에 연결의 질이 떨어질 것이고 잡음은 결국 사라질 것이다. 그러나 여전히 잡음의 강도는 마찬가지이다.

앨리스와 밥은 그들의 수화기가 매우 긴 잡음배열을 기록해 놓았다가, 통화를 시작할 때마다 시간의 함수로 정확하게 배열을 선택해서 재생한다고 결론짓는다. 그렇다면 두 개의 수화기가 언제나 똑같은 잡음을 만들어내는 것이 놀랍지 않을 것이다.

이 문제에 대한 자신들의 과학적 접근방식의 성공에 만족한 앨리스와 밥은 그들이 발견한 소식을 물리 선생님에게 보고하고 칭찬을 받는다. 그러나 선생님은 다음과 같은 의견을 제시한다. 두 전화 수화기가 어떤 공통된 원인에 의해서 같은 잡음, 즉 두 수화기에 이미 기록된 같은 잡음을 만들어낸다는 가설은 검증할 수 있는데, 이것을 벨 테스트라고 부른단다. 벨 테스트 또는 벨 게임은 다음 장에서 소개하겠다. 당분간은 앨리스와 밥이 각자의 집으로 달려가서 각자의 수화기를 대상으로 벨 테스트를 수행했는데 검증에 실패했다고만 말해 두자. 그들은 여러 번 시도했지만 결과는 항상 같았다. 따라서 두 수화기 각각에 기록된 잡음이 공통된 원인에 의한 것이라는 가정은 틀렸음이 증명되었다.

앨리스와 밥은 두 수화기가 아주 멀리 떨어져 있고, 서로 통신도 없었고, 각 수화기에 잡음이 미리 녹음된 것도 아닌데 어떤 메커니즘에 의해서 똑같은 잡음을 만들어낼 수 있는지 의아해 한다. 그러나 아무리 노력해도 그들은 이 현상을 설명해 줄 수 있는 메커니즘을 찾아내지 못하고 다시 그들의 선생님을 찾아간다. 선생님은 다음과 같이 말한다. 자네들이 메커니즘을 찾지 못한 것은 놀라운 일이 아니야. 왜냐하면 메커니즘이 없기 때문이지. 이것은 역학적 문제가 아니라 양자물리에 관련된 문제야. 잡음은 우연적으로 발생되는데, 이와 관련된 우연은 진정한 무작위성true randomness이고 각각의 잡음 비트는 수화기들의 순수한 창조작용에 의해서 만들어질 때까지 존재하지 않아. 뿐만 아니라 이 양자 무작위성은 동시에 여러 다른 장소, 예를 들어 자네들의 두 수화기에 나타날 수도 있지.

그렇지만 , 앨리스가 소리친다. 그건 불가능합니다. 신호는 두 수화기 사이의 거리가 멀어질수록 감소해야 합니다. 그렇지 않다면 아무리 멀리 떨어진 사람과도 통신이 가능할 것입니다.

뿐만 아니라 , 밥이 덧붙인다. 신호의 완전한 동기화는 통신의 속도가 무한히 빠를 수 있음을 시사합니다. 빛의 속도보다도 더 빠를 수 있음을 의미하는데 그것은 불가능합니다.

그러나 선생님은 동요하지 않는다. 자네들이 수화기에 대고 크게 소리치든 수화기를 들고 방 안 여기저기를 돌아다니든 빙그르 돌든 또는 수화기를 흔들어 대든 상관없이 잡음은 아무런 변화 없이 그대로라고 말했지? 동일한 잡음이 양쪽에 무작위적으로 만들어졌다는 바로 그 사실이 그것을 통신에 사용할 수 없다는 것을 의미하지. 상대방은 자네가 무엇을 하고 있는지 전혀 알 수가 없는 거야. 이어서 그는 결론을 내린다. 따라서 아인슈타인의 상대성이론에 위배되는 것도 없지. 자네들은 어떠한 통신도 빛보다 빠를 수 없다는 것을 다시 한번 보인 셈인 거야.

앨리스와 밥은 아무 말도 하지 못했다. 그들의 특이한 전화는 통신에 사용될 수 없기 때문에 전화처럼 보일지는 몰라도 사실은 전화가 아니다. 그렇지만 그 전화들이 어떻게 서로 간의 통신도 없이 또한 미리 합의한 바도 없이 똑같은 결과를 만들어내는 것인가? 그리고 다른 여러 장소에서 동시에 나타날 수 있는 진정한 무작위성의 제안을 어떻게 이해해야 하는가? 잠시 침묵한 후 밥은 다시 대화를 이어나갔다. 이것이 사실이라면 이 현상을 이용할 수 있을 것입니다. 그렇다면 제가 무언가를 만들어서 이것의 작동 원리를 이해할 때까지 관찰할 수 있을 것입니다. 이런 방식으로 어떻게 전기가 작동하는지도 배웠고 공이 자전운동을 할 때 그 궤적이 어떻게 바뀌는지도 배웠지요. 실제로 제가 이해한 모든 것들을 이런 방식으로 배웠습니다.

선생님도 밥의 말에 동의한다. 이 현상을 활용하면 난수의 열을 만들어낼 수 있고 양자암호라고 알려져 있는 비밀 통신도 가능해지고 양자공간이동에도 이용될 수 있다. 그러나 우선 우리는 이 책의 중심 주제, 즉 비국소성부터 이해해야 한다. 그러기 위해서 상관관계의 아이디어를 논의하고 벨 게임을 공부할 것이다.

CHAPTER 2

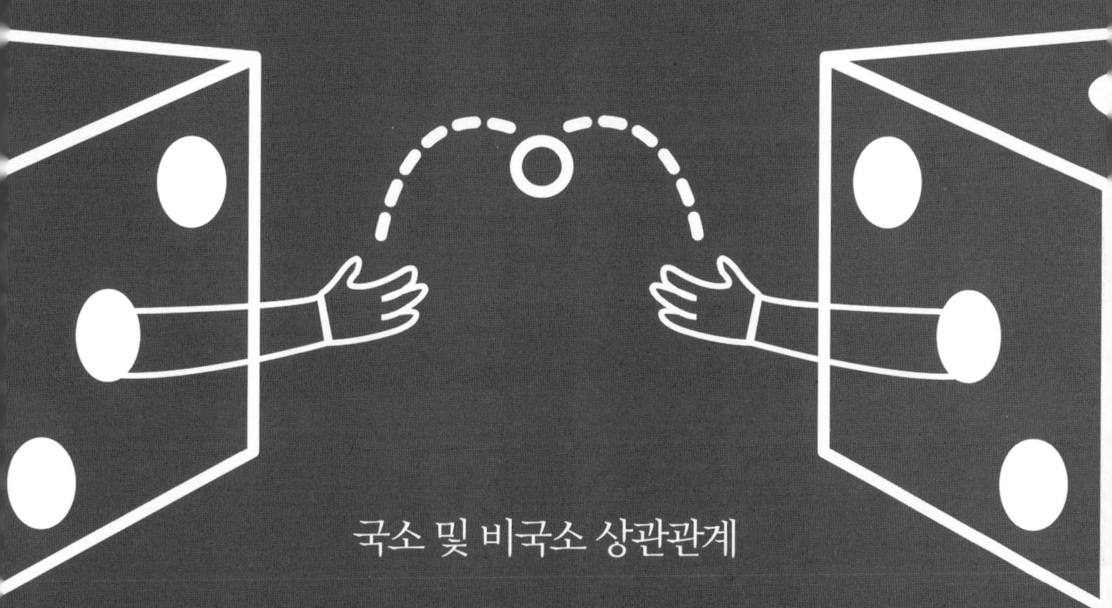

국소 및 비국소 상관관계

이 책의 중심 개념은 비국소 상관관계nonlocal correlation이다. 우리는 이 개념이 진정한 무작위성true randomness의 개념, 즉 본질적으로 예측이 불가능한 현상이라는 개념과 밀접한 관계가 있음을 알게 될 것이다. 우연chance은 그 자체로도 매우 흥미로운 주제인데, 우리는 여기서 비국소 우연nonlocal chance에 대해서 논의할 것이다. 이것은 매우 새롭고 놀랍고 혁신적이라고도 말할 수 있는 개념이다. 이 개념의 의미를 파악하기는 결코 쉽지 않으며, 따라서 이 장이 가장 이해하기 어려운 장이 될 수도 있다. 그러나 다른 장들의 내용이 이 장을 이해하는 데 도움이 될 것이다. 비국소 상관관계와 진정한 무작위성이 실제로 존재한다는 것을 확실히 보여주기 위해서 물리학자들은 벨 게임Bell's game 이란 게임을 고안해냈다. 물리학자들은 그들의 장난감이 어떻게 작동하는지를 알아내기 위해서 그 내부를 뜯어 보는 어린이들과 다르지 않다.

이 게임을 소개하기 전에 우선 상관관계correlation라는 것이 무엇을 의미하는지에 대해 생각해 볼 필요가 있다. 과학은 본질적으로 상관관계를 관측하고 설명하는 학문이라고 말할 수 있다. 벨 박사는 생전에 상관관계는 나를 설명해내라고 외치고 있다 라고 말하곤 했다.* 우리는 이 장에서 상관관계의 간단한 예를 제시하고 이에 대해서 어떤 유형의 설명이 가능한지 물을 것이다. 실제로는 가능한 설명의 유형이 몇 개 되지 않음을 보게 될 것이다. 만일 국소적 설명에 국한시킨다면, 즉 공간의 한 점에서 다른 점으로 연속적으로 전파해 나가는 메커니즘에 의존해서 설명한다면, 두 유형밖에 존재하지 않음을 알게

---

* Bell, J.S.: *Speakable and Unspeakable in Quantum Mechanics*, Cambridge University Press (1987), p. 152.

될 것이다.

벨 게임은 특정한 상관관계를 연구하기 위해서 사용된다. 두 사람이 하는 게임이며, 서로 협력하여 높은 점수를 얻는 것이 목표인 게임이다. 규칙이 매우 간단하고 하기 쉬운 게임이지만, 게임의 목표는 일종의 비국소 상관관계와 관련돼 있어 처음엔 쉽게 이해되지 않는다. 사실 이 게임 자체보다는 이 게임이 어떻게 전개되고 진행되는지를 이해하는 것이 중요하다. 그럼으로써 문제의 핵심인 비국소 상관관계와 현재 진행되고 있는 개념적 혁명의 세계를 파고들어갈 것이다.

우선은 상관관계의 개념부터 생각해 보도록 하자.

상관관계

우리는 매일 여러 선택을 해야 하는 상황에 놓이고 그 선택들이 가져오는 결과들을 받아들인다. 어떤 선택과 그에 따른 결과는 다른 선택이나 결과들보다 더 중요하다.

어떤 결과는 단지 우리 자신의 선택에 의해서만 결정되지만, 어떤 결과는 우리뿐 아니라 다른 사람들의 선택에도 영향을 받는다. 이런 경우 선택의 결과들은 서로 독립적이지 않고 상관관계를 갖게 된다. 예를 들어 오늘 저녁 메뉴의 선택은 동네 가게의 여러 식료품의 가격에 영향을 받을 수 있고, 식료품의 가격은 여러 조건에 따라 다른 사람들에 의해서 결정된다. 따라서 같은 동네에 사는 사람들의 메뉴에는 상관관계가 있다. 신선한 시금치를 특별히 싸게

판다면 시금치는 동네 사람들의 메뉴에 자주 등장할 것이다. 메뉴들의 상관관계를 결정짓는 또 하나의 요인은 이웃들의 선택에 의한 영향이다. 무언가를 사려는 사람들이 길게 늘어서 있다면 그게 무엇인지 가서 보려는 마음이 생길 수도 있고 또는 오래 기다리기 싫어서 오히려 가지 않을 수도 있다. 첫 번째의 경우는 양의 상관관계, 두 번째의 경우는 음의 상관관계를 만들어낸다.

이 예를 극한의 상황으로 가져가 보자. 다시 한번 앨리스와 밥이라는 두 이웃을 생각한다. (이들은 특이한 전화에 관한 이야기에 나온 학생들과 비슷한 역할을 하게 된다.) 이들의 저녁 식사 메뉴가 매일 서로 똑같다고 하자. 즉 이들의 저녁 식사 메뉴는 완벽한 상관관계를 갖는다. 어떻게 하면 이런 완벽한 상관관계가 이루어질 수 있을까?

첫 번째 가능한 설명은 밥이 앨리스를 조직적으로 따라한다는 것, 즉 자신의 메뉴를 자기가 선택하지 않는다는 것이다. 또는 반대로 앨리스가 밥을 따라한다고 생각해도 마찬가지이다. 이것이 상관관계에 대한 첫 번째 유형의 가능한 설명이다. 다시 말해 첫 번째 사건이 두 번째 사건에 영향을 미친다는 설명이다. 이 설명 방식은 그 진위를 테스트할 수 있다. 과학자들처럼 테스트해 보자. 앨리스와 밥이 서로 다른 두 대륙의 다른 동네에 살고 있어 매우 멀리 떨어져 있는 경우를 생각하자. 그들 가까이에는 각각 그 동네의 식료품 가게가 있다. 서로에게 영향을 줄 수 없게 하기 위해서 앨리스와 밥이 항상 같은 시각에 식료품을 구입하도록 한다. 더 확실하게는 앨리스와 밥이 서로 다른 두 은하계에 있는 경우를 생각할 수도 있다. 이런 상황에서는 서로 간의 대화가 불가능하다. 나아가서 하품하는 사람들의 경우처럼 무의식적으로 서로에게 영향을 줄 수도 없다.* 만일 이런 상황에서도 앨리스와 밥의 메뉴 사이에 완벽한 상관관계가 지속된다면 한 사람이 다른 사람에게 영향을 준다는 첫 번째 유형의 설명은 성립되지 않는다. 그럼 또 다른 유형의 설명을 찾아야 한다.

두 번째 가능한 설명은 앨리스의 식료품 가게와 밥의 식료품 가게가 주어진 날에 동일한 식료품 하나만 팔아서 선택의 여지가 없는 경우이다. 이것은 오래 전에 두 가게가 다가올 한 해 동안 판매할 저녁 메뉴 목록을 미리 정해 놓은 경우일 수도 있다. 어느 날과 그 다음 날의 메뉴는 일반적으로 다를 수 있지만 주어진 날의 두 가게의 메뉴는 항상 같다. 메뉴의 목록은 식료품 가게 연쇄점의 지배인이 작성해서 이메일로 모든 은하의 가맹점에 보냈을 수 있다. 그러면 앨리스와 밥은 매일 저녁 서로 같은 메뉴의 식사를 할 것이다. 이 설명에 의하면 앨리스와 밥은 아주 멀리 떨어져 있음에도 불구하고 오래 전에 일어났던, 두 사람 모두에게 영향을 미치는 동일한 원인에 의해서 메뉴들이 결정된 것이다. 이 공통의 원인은 뜀이나 끊어짐 없이 공간의 한 점에서 다른 점으로 연속적으로 전파해 나간다. 이것을 공통 국소 원인이라고 하는데, 공유하는 과거에서 유래하기 때문에 공통이고 모든 일이 국소적으로 공간의 한 점에서 다른 점으로 연속해서 일어나므로 국소이다.

지금까지 우리는 두 가지의 가능한 논리적 설명이 존재할 수 있다는 것을 배웠다. 그런데 또 다른 가능한 설명이 존재할까? 앨리스와 밥이 매일 저녁 같은 음식을 먹는 사실에 대한 세 번째 유형의 설명을 찾아 보자. 즉 앨리스가 밥

---

* 여러 사람들이 모여 있을 때 한 사람이 하품을 하면 다른 사람들도 하품을 한다. 이것이 사람들 사이에 작용하는 무의식적인 영향의 예이다. 그러나 두 번째 하품하는 사람은 첫 번째 사람이 하품한 것을 봤어야 한다. 따라서 이런 유형의 영향은 빛보다 빨리 전파해 갈 수는 없다.

에게 또는 밥이 앨리스에게 영향을 미치는 경우와 어떤 공통의 국소적 원인에 의한 경우 외에 다른 가능한 설명이 존재할까? 놀랍게도 과학자들은 세 번째 유형의 설명을 찾아내지 못했다. 양자물리를 도입하지 않는 한, 과학에서 관측된 모든 상관관계들은 한 사건이 다른 사건에 주는 영향(첫 번째 유형의 설명)이나 공통 국소 원인(두 번째 유형의 설명)으로 설명이 가능하다. 첫 번째 설명의 영향이나 두 번째 설명의 공통 원인은 모두 공간의 한 점에서 다른 점으로 연속적으로 전파하며, 바로 이런 의미에서 이 두 설명은 국소적이다. 논리를 확장시켜서 이러한 국소적 설명이 가능한 상관관계를 우리는 국소 상관관계local correlation라고 부른다. 실제로 우리는 양자물리가 세 번째 유형의 설명을 가능케 함을 보게 될 텐데, 이것이 바로 이 책의 주제이다. 그러나 양자물리를 도입하지 않는 한 모든 관측된 상관관계들에 대해서는, 그것이 지질학에서의 상관관계이든 의학에서의 상관관계이든 또는 사회학이나 생물학에서의 상관관계이든, 단지 두 유형의 설명만이 존재한다. 이 두 유형의 설명들은 공간의 한 점에서 다른 점으로 연속적으로 전파하는 연쇄적 메커니즘에 의존하므로 국소적이다.

국소적 설명을 찾기 위한 탐색은 과학에 많은 성공을 가져다 주었다. 사실상 과학이란 타당한 설명에 대한 끊임없는 추구로 특징지을 수 있다. 그리고 타당하다고 여겨지는 설명은 다음의 세 가지 기준을 만족시킨다. 가장 잘 알려진 기준은 정확성이다. 이것은 수학적 수식으로 표현되며 설명에서 나오는 예측은 관측이나 경험과 정확하게 비교해 볼 수 있다. 그러나 나는 정확성이 꼭 필요한 기준이기는 하지만 가장 중요한 기준은 아니라고 생각한다. 타당한 설명의 두 번째 기준은 이야기를 해 준다는 것이다. 모든 과학 수업은 이야기로 시작된다. 이야기 없이 어떻게 에너지, 분자, 지질층, 상관관계 같은 새로운 개념들을 소개할 수가 있겠는가? 양자물리가 나오기 전까지 이런 이야기들은 시공간에서 연속적으로 일어났기 때문에 국소적 이야기들이었다. 타당한 설명의 세 번째 기준은 쉽게 수정될 수 없어야 한다는 것이다. 이런 설명은 그 설명에 위배되는 새로운 실험 데이터에 맞추기 위해 쉽게 변경될 수 없으므로 실험을 통해서 정확히 검증 받을 수 있다. 파퍼Karl Popper의 말을 빌리자면 타당한 설명은 꾸며댈 수가 없다.

이제 앨리스와 밥의 저녁 식사 메뉴 사이에 존재하는 완전한 상관관계로 돌아가자. 이들이 충분히 멀리 떨어져 있다면 직접적인 영향(첫 번째 유형)으로는 설명이 안 된다. 공통 국소 원인에 기인하는 설명(두 번째 유형)은 어떻게 검증할 수 있을까? 우리의 예에서 앨리스는 선택할 여지가 없다. 앨리스의 집 근처에는 식료품 가게가 하나뿐이고 이 가게는 주어진 날의 저녁에 오직 하나의 메뉴만 판다. 선택이 있을 수 없는 이런 상황은 너무 단순해서 검증할 수가 없다. 그러므로 예를 조금은 덜 단순하게 만들 필요가 있다.

이제 앨리스의 집 근처에 식료품 가게가 왼쪽에 하나, 오른쪽에 하나, 이렇게 두 곳이 있는 경우를 생각하자. 밥의 집 근처에도 역시 왼쪽에 하나, 오른쪽에 하나가 있어 두 곳의 식료품 가게가 있다. 앨리스와 밥은 이전과 마찬가지로 서로 다른 은하에 살고 있어서 서로에게 영향을 줄 수가 없다. 그런데 앨리스와 밥이 우연히 둘 다 왼쪽에 있는 가게를 선택하는 경우에는 항상 예외 없이 둘의 메뉴가 같다고 하자. 이 상관관계에 대해 가능한 유일한 국소적 설명은 왼쪽의 두 가게가 매일 저녁마다 하나의 메뉴밖에 없는 목록을 공유하고 있다는 것이다. 왼쪽의 두 가게에 관한 한 지금의 상황은 이전과 완전히 동일하다. 그러나 앨리스와 밥에게 각각 하나 이상의 가게가 있기 때문에 다른 여러 유형의 상관관계를 생각할 수 있다. 예를 들어 앨리스가 왼쪽 가게를 선택하고 밥이 오른쪽 가게를 선택할 때에도 역시 서로 항상 같은 메뉴가 되는 경우를 생각할 수 있다. 이에 덧붙여 앨리스가 오른쪽 가게, 밥이 왼쪽 가게를 선택할 때도 마찬가지로 항상 같은 메뉴가 된다고 생각하자. 그렇다면 왼쪽-왼쪽, 왼쪽-오른쪽, 오른쪽-왼쪽의 세 가지 상관관계를 국소적으로 설명할 수 있는 유일한 방법은 네 가게가 모두 같은 메뉴 목록을 공유하고 있다는 것이다. 그러나 앨리스와 밥이 모두 오른쪽 가게를 선택할 때 그들의 메뉴가 같아지는 경우가 전혀 없는 경우를 생각할 수 있다. 이것은 가능할까? 이렇게 되도록 만드는 것은 어려워 보인다.

이 시점에서 우리는 벨 게임의 논리에 매우 가까이 와 있다. 여기서 식료품 가게는 잊자. 대신 과학적 접근방법을 채택하고 상황을 가능한 한 단순화하자. 저녁 메뉴 대신 우리는 결과에 대해 얘기할 것이고, 단지 가능한 두 가지 결과만을 고려하면 충분할 것이다.

벨 게임

이 게임의 제작사는 그림 2.1에서 보는 바와 같이 동일하게 보이는 두 상자를 제공한다. 각각의 상자에는 조이스틱과 스크린이 있다. 조이스틱은 처음에는 중앙에 위치해 있다. 조이스틱을 왼쪽 또는 오른쪽으로 움직이면 결과가 스크린에 나타난다. 결과는 두 개의 가능한 값으로 나타난다. 0 또는 1이다. 컴퓨터

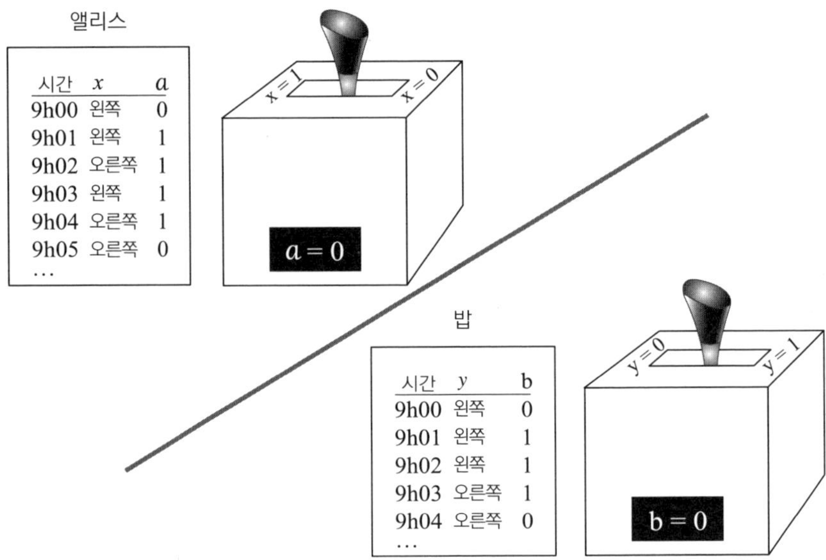

그림 2.1 앨리스와 밥의 벨 게임. 앨리스와 밥은 각각 조이스틱이 있는 상자를 가지고 있다. 매분마다 그들은 조이스틱을 왼쪽 또는 오른쪽으로 움직이고 그에 따라 상자는 결과를 스크린에 표시한다. 앨리스와 밥은 시각과 선택한 방향, 그리고 상자가 보여준 결과를 기록한다. 게임이 끝나면 그들은 결과들을 비교해서 게임에서 이겼는지 졌는지를 결정한다. 그들의 목적은 마치 어린 아이들이 장난감이 어떻게 작동하는지 이해하려고 노력하면서 배우듯이 그들의 상자들이 어떻게 작동하는지를 이해하는 것이다.

과학자들은 결과가 정보의 비트로 나타난다고 말한다. 각각의 상자에서 결과는 우연적이며 따라서 예측할 수 없다.

벨 게임을 하기 위해서 우선 앨리스와 밥은 각각 상자 하나씩을 갖고 각자의 시계의 시간을 정확히 맞춘 후 서로 충분히 멀리 떨어진 곳에 자리 잡는다. 정확히 오전 9시에 시작하여 1분 간격으로 앨리스와 밥은 각각 자신의 조이스틱을 왼쪽이나 오른쪽으로 움직이고 매번 그때의 시각 및 조이스틱을 움직인 방향과 함께 스크린에 나타난 결과를 기록한다. 이들이 조이스틱을 움직이는

방향을 선택할 때 매번 자유롭고 서로 완전히 독립적으로 선택하는 것이 중요
하다. 특히 이들이 매번 똑같은 방향을 계속 선택하는 것은 허용되지 않으며
또한 사전에 어떤 선택을 할지 서로 합의해서도 안 된다. 앨리스는 밥이 어떤
선택들을 하는지 몰라야 하고 밥 역시 앨리스가 어떤 선택들을 하는지 몰라야
한다. 이들의 목적은 벨 게임의 상자들이 어떻게 작동하는지를 알아내는 것이
므로 속이려고 하지 말고 게임의 규칙에 따라 진행해야 한다.

앨리스와 밥은 오후 7시까지 규칙에 따라 게임을 진행한다. 그러면 모두
600개의 데이터가 나올 텐데, 대략 왼쪽-왼쪽, 왼쪽-오른쪽, 오른쪽-왼쪽, 오
른쪽-오른쪽을 선택하는 경우가 각각 150개 정도 나올 것이다. 이 데이터를
가지고 다음의 법칙에 따라 점수를 계산한다.

1. 앨리스가 왼쪽, 밥이 오른쪽을 선택한 경우, 또는 앨리스가 오른쪽, 밥
    이 왼쪽을 선택한 경우, 또는 둘 다 왼쪽을 선택한 경우에 둘의 **결과가**
    서로 같으면 둘은 매번 1점을 얻는다.
2. 앨리스와 밥이 둘 다 오른쪽을 선택한 경우에 둘의 결과가 서로 다르면
    둘은 1점을 얻는다.

최종점수는 다음과 같이 계산한다.

•   왼쪽-왼쪽, 왼쪽-오른쪽, 오른쪽-왼쪽, 오른쪽-오른쪽 선택의 각 경
    우에 대해서 총점을 총 선택횟수로 나누어 성공확률을 계산한다. 이
    렇게 계산한 네 개의 성공확률을 더하면 최종 성공확률이 된다. 각각

의 성공확률이 최대 1의 값을 갖고 네 개의 성공확률이 더해지므로 최종 성공확률의 가능한 최댓값은 4이다. 최종 성공확률의 점수가 S라면 앨리스와 밥이 벨 게임을 4번 시도해서 S번 이긴 셈이 된다. 최종점수는 평균점수이므로 0과 4 사이의 임의의 값을 가질 수 있다. 예를 들어 최종점수가 3.41이라면 앨리스와 밥이 4번 시도해서 평균 3.41번, 즉 400번 시도해서 341번 이겼다는 의미이다.

- 우리는 앨리스와 밥의 최종점수가 3이 되게 하는 상자를 아주 쉽게 만들 수 있음을 알게 될 것이다. 따라서 앨리스와 밥의 최종점수가 3 이상일 때 그들이 벨 게임에서 이겼다고 간주하겠다.

이 색다른 게임에 좀 더 익숙해지기 위해서 앨리스와 밥이 스크린의 결과들을 기록하지 않고 그냥 머릿속에 떠오르는 숫자들을 마구 기록하는 경우를 생각해 보자. 다시 말해 그들이 서로 독립적으로 순전한 우연을 따라 결과들을 기록하는 경우이다.[*] 이 경우에는 각각의 시도에 대해 성공확률은 1/2이다. 실제로 앨리스와 밥은 그들의 조이스틱 방향의 선택과는 무관하게 절반은 같은 결과, 절반은 다른 결과를 기록할 것이다. 따라서 벨 게임의 최종점수는 4 1/2 = 2가 될 것이다. 따라서 최종점수가 2를 초과하려면 앨리스의 상자와 밥의 상자는 서로 완전히 독립적이어서는 안 되고 상관관계가 있는 결과들이 나오도

---

[*] 두 사람 중 한 명은 양심적으로 제대로 이 게임을 하는데 다른 한 명이 게임의 규칙을 완전히 무시한 채 게임을 하더라도 같은 논리가 적용된다. 이 경우에는 성공확률이 역시 1/2이고 총점은 2점이 된다.

록 조작해야 된다.

더 나아가서 두 상자에서 조이스틱의 방향과 무관하게 항상 같은 결과 0이 나타나는 경우를 생각해 보자. 이 경우에는 앨리스와 밥의 선택은 결과에 아무런 영향을 주지 않는다. 그러면 왼쪽-왼쪽, 왼쪽-오른쪽, 오른쪽-왼쪽을 선택했을 때는 각각 성공확률이 1, 오른쪽-오른쪽을 선택했을 때는 성공확률이 0이 되고, 따라서 최종점수는 3이 된다.

상자들이 어떻게 작동하는지를 분석하기 전에 우리를 비국소 개념의 핵심으로 이끌어 줄 약간의 추상적 수식을 도입해 보겠다.

비국소 계산: $a + b = x \times y$

우리가 벨 게임의 상자에서 나오는 결과를 숫자로 표시했듯이 과학자들은 자신들이 분석하는 대상을 수학적으로 나타내기를 좋아한다. 이것은 앨리스가 조이스틱을 왼쪽으로 움직였고 스크린에서 0의 결과를 관측했다 와 같은 긴 문장으로 인한 혼란 없이 문제의 핵심에 집중할 수 있게 해 준다. 또한 덧셈과 곱셈을 사용하게 되면 매우 간단한 수식으로 비국소의 개념을 요약해서 표현하게 됨을 보게 될 것이다.

먼저 앨리스의 입장에서 생각해 보자. 앨리스의 선택을 x로, 그 선택의 결과를 a로 표시하자. 예를 들어 $x = 0$은 앨리스가 조이스틱을 왼쪽으로 움직인 것을 의미하고, $x = 1$은 오른쪽으로 움직인 것을 의미한다고 규정할 수 있다. 마찬가지로 밥의 선택과 결과를 각각 y와 b로 표시한다. 그러면 벨 게임의 규칙에 따라 앨리스와 밥이 1점을 얻는 경우를 표로 요약하면 다음과 같다.

	$x = 0$	$x = 1$
$y = 0$	$a = b$	$a = b$
$y = 1$	$a = b$	$a \neq b$

재미삼아 간단한 계산을 해 보자. 앨리스와 밥이 서로의 선택을 따라하지 못하도록 충분히 멀리 떨어져서 각자의 상자를 가지고 자유롭게 선택을 하고 결과를 기록할 때, 앨리스와 밥이 1점을 얻는 경우는 다음의 간단한 수식으로 요약된다.

$$a + b = x \times y.$$

다시 말하면 a와 b를 더하면 x와 y를 곱한 것과 같다. 실제로 $x = y = 1$이 아니면 $x \times y$는 항상 0이다. 따라서 위 수식은 $x = y = 1$이 아닌 한 $a + b = 0$이라고 말하는 것이다.

먼저 $x = y = 1$인 경우를 생각하자. 이 경우에는 $a + b = 1$이 되는데 a와 b는 각각 0 또는 1이므로 $a + b = 1$이 되려면 $a = 0, b = 1$과 $a = 1, b = 0$의 두 가지 해만이 존재한다. 따라서 $a + b = 1$이라면 분명히 $a \neq b$여야 하고 벨 게임의 규칙에 따라 앨리스와 밥은 1점을 얻는다.

이제 다른 세 경우, 즉 $(x, y) = (0, 0)$ 또는 $(0, 1)$ 또는 $(1, 0)$인 경우를 생각하자. 이 세 경우에는 모두 $x \times y = 0$이고 따라서 $a + b = 0$이 된다. 이의 첫 번째 가능한 해는 $a = b = 0$이다. 두 번째 가능한 해는 $a = b = 1$이다. 이 두 번째 해는 처음 보면 이상할지도 모른다. 1 + 1은 보통은 2이기 때문이다. 그러나 0과

1, 즉 비트들을 가지고 계산할 때는 계산 결과도 0 또는 1이어야 한다. 이 경우 2 = 0이다. (수학자들은 이것을 모듈로 2 계산 또는 이진법 계산이라고 말한다.) 결론적으로 $a + b = 0$은 $a = b$와 같다.

결론적으로 수식 $a + b = x \times y$는 벨 게임을 훌륭하게 요약해 준다. 이 수식이 만족될 때마다 앨리스와 밥은 1점을 얻는다. 여기서 우리는 양자혁명이 간단한 수식으로 표현됨을 볼 수 있다.*

위의 수식은 비국소 현상을 표현한다. 벨 게임에서 조직적으로 이기려면 상자들은 $x \times y$를 계산해야 한다. 그러나 x의 선택이 앨리스의 상자에게만 주어진 선택이고 y의 선택이 밥의 상자에게만 주어진 선택이라면 이 계산은 앨리스 또는 밥이 있는 어느 한 곳에서 국소적으로 수행될 수 없다. 앨리스와 밥이 할 수 있는 최선의 방법은 $x \times y = 0$이라고 추측하고 4번 중 3번을 올바르게 맞추는 방법이다. 그러면 그들의 최종점수는 3이 된다. 두 수 x와 y는 서로에게서 아주 멀리 떨어진 곳에 각각 존재하므로 3보다 큰 최종점수를 얻으려면 $x \times y$의 비국소적 계산을 수행해야 한다.

* 모범생이었지만 약간은 다루기 힘든 학생이었던 내가 양자물리 선생님들에게 이것에 대해 설명해 달라고 요청했을 때 선생님들은 항상 양자물리는 너무 복잡한 수학을 필요로 해서 이해할 수가 없다는 답을 주지 않았던가?

벨 게임의 국소 전략

앨리스와 밥은 각자 자신의 상자 앞에 앉아서 매분마다 자유롭고 독립적으로 선택을 하고 그 선택과 상자 스크린에 나오는 결과를 기록한다. 앨리스와 밥이 높은 점수를 얻으려면 이 상자들은 어떻게 작동해야 할까?

앨리스와 밥이 아주 멀리 떨어져 있어서 서로에게 영향을 줄 수 없다고 하자. 이 조건을 충족시키기 위해 우리 마음속에서 앨리스와 밥을 서로 통신이 불가능할 정도로 멀리 떨어뜨려 놓도록 하자. 이를테면 한 사람은 지구에 있게 하고 다른 한 사람은 달에 보내서 아무리 빠른 빛이라도 한 사람에게서 다른 사람에게 가는 데 1초가 걸리도록 떨어뜨려 놓는다. 이런 경우에는 앨리스 또는 앨리스의 상자가 밥 또는 밥의 상자에게 자신의 선택을 전달할 수 없다. 따라서 통신을 통한 영향은 배제되므로 다른 설명을 찾아야 한다.

우선 우연의 일치로 앨리스와 밥이 모두 조이스틱을 왼쪽으로 움직인 경우를 분석해 보자. 이 경우에는 둘의 결과가 같아야만 1점을 얻는다. 이것은 식료품 가게 예에서 둘 다 왼쪽의 가게를 선택했을 때 항상 같은 메뉴를 갖는 상황과 같다. 우리는 이미 이 경우에 직접적인 영향을 제외한다면 가능한 설명은 하나밖에 없음을 보았다. 그것은 두 가게가 매일 저녁 단순히 같은 메뉴를 제공해서 선택의 여지가 없는 상황이다. 벨 게임의 상자에 대해서는 두 상자의 조이스틱이 모두 왼쪽으로 움직였을 때 두 상자에 나타나는 결과가 항상 같은 상황에 해당된다. 이 결과는 사전에 이미 조이스틱을 움직이는 매 순간에 대해 결정되어 있다. 주어진 저녁 메뉴는 하나밖에 없지만 다른 날 저녁이면 다른 메뉴로 바뀔 수 있는 것과 같이, 조이스틱을 움직이는 한 순간의 결과

는 예정되어 있지만 1분 후에는 또 다른 결과로 바뀔 수 있다. 이것은 두 조이
스틱이 모두 왼쪽으로 움직였을 때 최대의 상관관계를 갖는 상황에 대한 설명
이다. 공통의 국소 원인에 기반을 둔 두 번째 유형의 설명이다. 실제로 매 순간
에 대해 미리 예정된 결과들은 각각의 상자에, 즉 국소적으로 기록되어 있다.

이 경우에 대한 분석을 좀 더 진행시켜 보자. 두 상자에 기록된 결과들은
동전던지기를 통해 만들어졌을 수도 있다. 따라서 앨리스가 보기에 이 결과들
은 완전히 무작위하게 보이고 밥 또한 마찬가지이다. 그러나 그들이 만나서
서로의 결과들을 비교해 보면 완전히 같은 결과들인 것을 발견할 것이고 이런
결과가 우연에 의해서 만들어진 결과라고 믿지는 못할 것이다. 그렇지만 비국
소 우연성이란 것이 존재하고 이것의 역할이 있을 수 있다. 이에 대해서는 나
중에 논의하기로 한다.

상자 2. 우연(Chance)

우연히 일어나는 일의 결과는 예측할 수 없다. 그러나 누가 예측할 수 없다는 것인가? 예측할 수
없는 많은 일들이 존재하지만 그 일들이 이해하기 너무 복잡한 과정들의 결과로 나타나기 때문
에, 또는 그러한 결과가 나오도록 영향을 준 모든 세부사항들에 주의를 기울이지 않기 때문에
예측하지 못한다. 그러나 진정한 우연성(true chance)에 의해서 발생되는 진실로 우연적인 결
과는 본질적으로 예측이 불가능하므로 예측할 수 없다. 이런 결과는 인과관계의 사슬에 의해 결
정되는 것이 아니다. 그 인과관계가 아무리 복잡하더라도 그렇다. 진정으로 우연한 결과는 이것
이 나타나기 전까지는 존재하지도 않았고, 필요하지도 않았으며, 순수한 창조 작용에 의해 나타
나는 것이기 때문에 예측 불가하다.

이 아이디어를 설명하기 위해 앨리스와 밥이 거리에서 우연히 만났다고 생각해 보자.

예를 들어 앨리스는 같은 거리에 있는 레스토랑으로 가고 있었고 밥은 옆 거리에 사는 친구를 만나러 가고 있었다고 생각할 수 있다. 앨리스는 레스토랑으로, 밥은 친구를 만나러 가는 가장 짧은 거리를 선택한 순간 둘의 만남은 예정되어 있었다. 이것은 두 개의 인과관계 사슬의 예이다. 앨리스와 밥이 가는 두 경로는 교차하기 때문에 그들 각자에게는 우연히 만난 것 같은 일이 벌어진다. 그러나 두 사람의 경로가 한눈에 들어오는 곳에서 그들을 바라볼 수 있는 사람이라면, 그들의 만남을 예측할 수 있었을 것이다. 둘의 만남은 우연인 것처럼 보이지만 사실은 앨리스와 밥이 서로의 경로를 몰랐기 때문에 우연이라 느껴졌던 것이다. 즉 밥은 앨리스가 어디로 갈지 몰랐고 앨리스는 밥이 어디로 갈지 알 수 없었다. 그러나 앨리스가 레스토랑으로 가기로 작정하기 전의 상황은 어떠했는가? 앨리스가 자유의지 행사하기를 즐긴다고 믿는다면, 그 작정을 하기 전에는 이 만남이 진정으로 예측이 불가능했다. 진정한 우연은 바로 이와 같다.

진정한 우연에는 고전물리에서 의미하는 원인이 없다. 진정한 우연에서 나오는 결과는 어떤 방법으로든 미리 결정되지 않는다. 그러나 이 주장은 좀 더 따져볼 필요가 있다. 왜냐하면 진정으로 우연적인 현상도 원인이 있을 수 있기 때문이다. 단지 이 원인은 결과를 결정하지 않고 가능한 결과들의 확률만을 결정한다. 실제로 결정되는 것은 나타나는 결과들의 경향뿐이다.

공통 국소 원인에 기반을 둔 설명에 따르자면 매분마다 각 상자는 이미 예정되어 있는 결과를 스크린에 나타낸다. 결과들은 이미 예정되어 있고 그것을 각 상자가 기억하고 있다. 각 상자에 충분히 큰 메모리를 가진 컴퓨터와 시계가 비치되어 있고, 또한 각 상자에 매분마다 메모리에서 다음의 데이터를 읽어내는 프로그램이 실행되도록 준비되어 있다고 생각해도 좋다.

프로그램에 따라서, 상자에 나타나는 결과는 조이스틱이 움직이는 방향에 무관할 수도 있고 의존할 수도 있다. 그런데 앨리스와 밥의 상자들에서는 어떤 프로그램이 실행되는 것일까? 무한히는 아니더라도, 굉장히 많은 수의 프로그램이 존재하지 않을까? 사실은 그렇지가 않다. 왜냐하면 선택과 결과를 0과 1 중에서 택하는 이진법으로 제한했기 때문에 실제로는 한 상자에 가능한 프로그램 수는 4로 제한된다. 즉 두 개의 가능한 선택 각각에 대해서 두 개의 가능한 결과가 나오는 프로그램들이다. 앨리스의 상자에서 가능한 네 개의 프로그램은 다음과 같다.*

1. 선택 x에 무관하게 결과는 항상 $a = 0$.
2. 선택 x에 무관하게 결과는 항상 $a = 1$.
3. 결과와 선택이 같다. 즉 $a = x$.
4. 결과와 선택이 다르다. 즉 $a = 1 - x$.

마찬가지로 밥의 상자에도 네 개의 가능한 프로그램이 있다. 따라서 앨리스와 밥에게는 총 $4 \times 4 = 16$가지의 프로그램 조합이 있을 수 있다. 물론 앨리스의 상자와 밥의 상자에서 모두 프로그램은 1분이 경과할 때마다 바뀔 수 있다. 그러나 주어진 순간에 앨리스의 상자에서는 가능한 네 개 중 하나의 프로그램이 결과 a를 결정하고 마찬가지로 밥의 상자에서도 가능한 네 개 중 하나의 프로그램이 결과 b를 결정한다.

　이 가능한 16개의 프로그램 조합을 하나하나 따져보고 점수를 계산해 보

---

* 여기서 프로그램이란 개념은 어떤 데이터에 의해서 어떤 결과들이 만들어짐을 뜻하는 추상적 의미로 받아들여야 한다. 같은 추상적인 프로그램에 대해 다르게 쓴 두 프로그램이라는 걸 알아보기 쉽지 않을 정도로 여러 방법과 프로그래밍 언어로 쓰일 수 있다.

자. 이 게임의 목적은 국소적 설명으로 가능한 가장 높은 점수를 얻는 것이다. 우리는 국소적 전략을 쓰는 한 3보다 높은 점수를 얻을 수 없음을 보게 될 것이다. 이 시점에서 독자는 국소적 전략으로는 3보다 높은 점수를 얻을 수 없다는 말을 그냥 믿고 66쪽의 '벨 게임에서 이기기: 비국소 상관관계'로 갈 수도 있고, 또는 다음 절에서 설명할 논리를 따라 공부해 가면서 실제로 그러한지 스스로 증명해 볼 수도 있다. 후자를 택할 것을 강력히 추천한다.

먼저 앨리스의 상자와 밥의 상자에 모두 프로그램 1이 있는 경우를 생각해 보자. 이 경우 두 상자의 결과들은 항상 0이다. 즉 $a = b = 0$이다. 그러면 앨리스와 밥은 네 번에 세 번 꼴로 1점씩 얻을 것이다. 그들이 1점을 얻지 못하는 경우는 둘 다 1을 선택했을 때뿐이다. 이번에는 앨리스의 상자에 프로그램 1이 있고(따라서 항상 $a = 0$) 밥의 상자에 프로그램 3이 있다고 하자(따라서 $b = y$). 앨리스와 밥이 취할 수 있는 4개의 선택을 하나씩 따져 보자. 선택이 $x = 0$, $y = 0$이면 결과는 (0, 0)이고 앨리스와 밥은 1점을 얻는다. 선택이 $x = 0$, $y = 1$이면 결과는 (0, 1)이고 점수를 얻지 못한다. $x = 1$, $y = 0$이면 결과는 (0, 0)이고 1점을 얻는다. 마지막으로 $x = 1$, $y = 1$이면 결과는 (0, 1)이고 이때는 결과가 달라야 점수를 얻으므로 1점을 얻는다. 요약하면 이번에도 점수는 3점이 된다.

위와 같은 방식으로 나머지 14개 프로그램 조합을 모두 분석해 볼 수 있을 것이다. 그 결과는 표 2.1에 나와 있다.

요약하면 상자 제작자의 국소 전략이 무엇이든, 즉 프로그램의 조합이 무엇이든 앨리스와 밥은 4점 만점에 3점보다 높은 점수를 받을 수 없다. 물리학자들은 이 결과를 부등식으로 표현한다. 이것이 벨 부등식Bell's inequality이다.[*] 이 부등식이 이 책의 주제의 중심이므로 완전한 형태를 소개하겠다. 이 부등

앨리스의 프로그램	밥의 프로그램	$(x, y)=(0, 0)$의 선택에 대한 결과	$(x, y)=(0,1)$의 선택에 대한 결과	$(x, y)=(1,0)$의 선택에 대한 결과	$(x, y)=(1,1)$의 선택에 대한 결과	점수
1	1	$a = 0, b = 0$	$a = 0, b = 0$	$a = 0, b = 0$	$a = 0, b = 0$	3
1	2	$a = 0, b = 1$	$a = 0, b = 1$	$a = 0, b = 1$	$a = 0, b = 1$	1
1	3	$a = 0, b = 0$	$a = 0, b = 1$	$a = 0, b = 0$	$a = 0, b = 1$	3
1	4	$a = 0, b = 1$	$a = 0, b = 0$	$a = 0, b = 1$	$a = 0, b = 0$	1
2	1	$a = 1, b = 0$	$a = 1, b = 0$	$a = 1, b = 0$	$a = 1, b = 0$	1
2	2	$a = 1, b = 1$	$a = 1, b = 1$	$a = 1, b = 1$	$a = 1, b = 1$	3
2	3	$a = 1, b = 0$	$a = 1, b = 1$	$a = 1, b = 0$	$a = 1, b = 1$	1
2	4	$a = 1, b = 1$	$a = 1, b = 0$	$a = 1, b = 1$	$a = 1, b = 0$	3
3	1	$a = 0, b = 0$	$a = 0, b = 0$	$a = 1, b = 0$	$a = 1, b = 0$	3
3	2	$a = 0, b = 1$	$a = 0, b = 1$	$a = 1, b = 1$	$a = 1, b = 1$	1
3	3	$a = 0, b = 0$	$a = 0, b = 1$	$a = 1, b = 0$	$a = 1, b = 1$	1
3	4	$a = 0, b = 1$	$a = 0, b = 0$	$a = 1, b = 1$	$a = 1, b = 0$	3
4	1	$a = 1, b = 0$	$a = 1, b = 0$	$a = 0, b = 0$	$a = 0, b = 0$	1
4	2	$a = 1, b = 1$	$a = 1, b = 1$	$a = 0, b = 1$	$a = 0, b = 1$	3
4	3	$a = 1, b = 0$	$a = 1, b = 1$	$a = 0, b = 0$	$a = 0, b = 1$	3
4	4	$a = 1, b = 1$	$a = 1, b = 0$	$a = 0, b = 1$	$a = 0, b = 0$	1

표 2.1 16개의 가능한 프로그램 조합에 대한 점수

식을 보면 그 의미를 완전히 파악하지 못하더라도 좋은 음악의 아름다움을 인식하듯이 이 부등식의 아름다움을 인식할 수 있을 것이다.

$$P(a = b \,|\, 0, 0) + P(a = b \,|\, 0, 1) + P(a = b \,|\, 1, 0) + P(a \neq b \,|\, 1, 1) \leq 3.$$

* 엄밀하게 말하자면 이것은 여러 벨 부등식 중에서 가장 간단한 것으로, 이 부등식을 처음 발견한 J.F. Clauser, M.A. Horne, A. Shimony, R.A. Holt: *Proposed experiment to test local hidden-variable theories*, Phys. Rev. Lett. **23**, 880 (1969)의 이름의 첫 자를 따서 CHSH 부등식이라고 부른다. 다른 부등식들은 더 많은 선택이나 결과가 있는 경우, 또는 더 많은 사람이 게임을 하는 경우에 적용된다.

$P(a = b \mid x, y)$는 x와 y가 선택됐을 때 a와 b가 같을 확률을 의미하고, 마찬가지로 $P(a \neq b \mid 1, 1)$은 $x = y = 1$이 선택됐을 때 a와 b가 다를 확률을 의미한다. 벨 부등식은 우리가 방금 알아낸 사실을 말하고 있다. 즉 벨 게임에서 네 개의 확률을 더해서 얻을 수 있는 최고점이 3점이라는 사실이다. 따라서 국소 상관관계의 경우에 벨 부등식은 항상 만족된다.

상자 3. 벨 부등식

일반적으로 확률 $P(a, b \mid x, y)$는 가능한 여러 상황들의 통계적 혼합에서 유래할 수 있다. 예를 들어 보통 λ_1로 표시하는 첫 번째 가능한 상황이 확률 $\rho(\lambda_1)$로 일어나고 두 번째 가능한 상황 λ_2가 확률 $\rho(\lambda_2)$로 일어날 수 있다. 이 확률 $\rho(\lambda)$는 실제 상황을 확실히 모를 때 여러 경우들을 분석하는 데 사용될 수 있다. 실제로는 이 상황들의 확률을 알 필요까지도 없다. 단지 다른 상황들이 다른 확률로 일어난다는 사실을 아는 것만으로 충분하다.

이 상황 λ는 보통 ψ로 표시되는 양자상태를 포함할 수 있다. 실제로 이 상황은 앨리스와 밥의 모든 과거를 포함할 수 있고 또는 전체 우주의 상태를 포함할 수도 있다. 그렇지만 x와 y의 선택은 λ에 상관없이 독립적이어야 한다. 반면에 λ는 벨 게임에서 앨리스와 밥의 전략 선택처럼 훨씬 더 제한적일 수도 있다. 역사적으로 보면 λ를 국소 숨은 변수(local hidden variable)라고 불렀다. 그러나 이것을 현재 또는 미래의 이론에 의해서 기술되는 계들, 즉 앨리스와 밥의 상자의 물리적 상태라고 생각하는 것이 더 좋다. 따라서 벨 부등식은 현재의 실험결과들과 부합하는 미래 이론의 구조에 대해서 무언가를 말해 준다. 요약하면 λ에 대한 단 하나의 가정은 이것이 x와 y의 선택에 대한 정보는 포함하지 않는다는 것이다.

각 상황 λ에 대해서 조건부 확률은 항상

$$P(a, b \mid x, y, \lambda) = P(a \mid x, y, \lambda) P(b \mid x, y, a, \lambda)$$

지금까지 우리는 앨리스와 밥의 상자가 각각 x와 y의 선택에 대응해서 그 결과를 결정해 주는 프로그램을 가지고 있다고 가정하였다. (컴퓨터 과학자들은 x와 y를 입력값이라 부른다.) 그런데 만일 이 프로그램들이 결과를 완전히 결정하지 않고 우연의 여지를 조금 남겨 놓는다면 어떤 일이 일어날까? 예를 들어 앨리스의 상자가 가끔씩 프로그램 1과 프로그램 3 중에서 임의로 선택을 하는 경우를 생각할 수 있다. 또는 가끔씩 상자에서 그냥 임의로 아무 결과나 나오게 할 수도 있다. 이것이 벨 게임에서 높은 점수를 받는 데 도움이 될 수 있을까? 우선 임의로 아무 결과나 나오게 하는 것은 프로그램 1($a = 0$의 결과를 줌)과 프로그램 2($a = 1$의 결과를 줌) 중에서 임의로 선택하는 것과 같고, 따라서 도움이 안 된다는 것을 알 수 있다. 벨 게임은 수많은 반복과 평균값의 계산을 필요로 한다. 앨리스의 상자가 가능한 프로그램들 중에서 임의로 하나를 선택해서 게임을 계속할 때 받는 평균점수는 매번 프로그램을 바꾸는 경우와 다르지 않을 것이다. 즉 주어진 어떤 시각에 상자가 특정한 프로그램을 사용한다는 가정은 아무런 제한을 주지 않는다. 따라서 앨리스와 밥이 임의의 선택을 하는 전략은 벨 게임에서 더 높은 점수를 얻는 데 도움이 되지 못한다. 오히려 그 반대이다. 이미 본 바와 같이 앨리스와 밥의 상자가 서로 독립적으로 임의의 선택을 하면 최종점수는 2점밖에 되지 못한다.

결론적으로 벨 게임에서 국소 전략을 사용하여 4점 만점에 3점보다 높은 점수를 얻어서 이기기는 불가능하다. 물리학자들의 표현을 빌리자면 어떤 국소 상관관계도 벨 부등식을 위배하지 않는다. 다시 말해서, 만일 앨리스와 밥이 벨 게임에서 4점 만점에 3점보다 높은 점수를 얻어서 이 게임에서 이겼다면 그에 대한 국소적 설명은 있을 수 없다. 앞서 언급했듯이 국소적 설명은 두 가지 유형만이 존재한다. 공간의 한 점에서 다른 점으로 연속적으로 전파해 나가는 영향에 기반을 둔 설명(유형 1)과 공유한 과거에서 비롯된, 역시 공간의 한 점에서 다른 점으로 연속적으로 전파해 나가는 공통 원인에 기반을 둔 설명(유형 2)이다. 그러나 유형 1의 설명은 앨리스와 밥이 아주 멀리 떨어져 있다면 적용될 수 없다. 그리고 방금 살펴봤듯이 유형 2의 설명은 벨 게임에서 4점 만점에 3점보다 높은 점수를 얻게 해 줄 수 없다.

벨 게임에서 이기기: 비국소 상관관계

이제 앨리스와 밥이 오랫동안 벨 게임을 하면서 평균적으로 4점 만점에 3점보다도 훨씬 높은 점수를 얻었다고 상상해 보자. 이것이 바로 양자물리에서 얽힘이란 현상 때문에 가능해지는 경우이다. 그러나 지금은 물리의 이 매력적인 새 영역을 고려하지 않기로 한다. 어쨌든 앨리스와 밥이 매우 자주 벨 게임에서 이긴다고 가정하자. 우리는 이미 한 사람이 다른 사람에게 영향을 줄 수 있는 가능성, 즉 두 상자들이 서로 소통하는 가능성은 배제했다. 아직 알려지지 않은 새로운 유형의 파동을 매개로 하는 소통의 가능성도 우선은 배제하자 (이 중요한 가정에 대해서는 나중에 토의할 것이다). 우리는 방금 상자들이 주어진 시각에 조이스틱의 방향에 따라, 즉 조이스틱을 움직이는 사람의 선택에 따라 국소적으로 결정되는 결과를 만들어낸다면 4점 만점에 3점보다 더 높은 점수를 얻을 수 없음을 보았다. 다시 말하면 국소 전략을 가지고는, 즉 공간의 한 점에서 다른 점으로 전파하는 메커니즘에 의존해서는 4점 만점에 3점보다 높은 점수를 얻는 것이 불가능하다.

이런 이유로 벨 게임에서 4점 만점에 3점보다 더 높은 점수를 얻어서 벨 게임에서 이기게 해 주는 상관관계를 비국소 상관관계라고 부른다. 그러면 앨리스와 밥은 실제로 어떤 상자를 가지고 어떻게 해서 3점보다 높은 점수를 얻을 수 있을까?

양자물리가 출현하기 이전 시대, 즉 대략 1925년 이전에 활동했던 물리학자에게 위 질문을 던졌다면 답은 매우 간단했을 것이다. 전혀 불가능하다 라는 답이었을 것이다. 벨 게임에서 4점 만점에 3점보다 높은 점수를 얻으려면 앨리스와 밥 혹은 그들의 상자들은 서로 소통을 하든지 또는 영향을 주든지 (내가 하품을 해서 옆 사람이 하품을 하게 만드는 것처럼 무의식적으로라도) 무언가 속임수를 써야 할 것이다. 소통이 없다면 3점보다 높은 점수를 얻기는 불가능하다고 양자물리 등장 이전의 과학자들은 말했을 것이다.

과연 벨 게임에서 4점 만점에 3점보다 높은 점수를 얻는 것이 가능할까? 이 게임으로 독자의 두뇌를 괴롭혀서 미안하지만 이 질문은 비국소성 문제의 핵심이다. 우리는 지금 아마도 지구가 둥글고 지구의 반대쪽에 다른 사람들이 살고 있음을 알게 된 중세 사람들과 같은 상황에 있는지도 모른다. 지구 반대쪽 사람들은 어떻게 지구에서 떨어지지 않는가? 지금은 누구나 사람을 포함한 모든 물체가 지구의 중심으로 끌리는 것이지 위에서 아래로 끌리는 것이 아님을 안다. 마치 자석이 냉장고 문에 붙어 있듯이 지구 반대편의 사람들도 땅에 붙어 있는 것임을 안다. 자석 덕택에 우리가 지구에 끌리는 것도, 따라서 호주 사람도 유럽 사람도 지구에서 떨어지지 않는다는 것도 이해하고 있다.

그러면 벨 게임에서 냉장고 문에 붙어 있는 자석에 해당하는 것은 무엇인가? 이를 이해하기 위해서 우리는 어떤 논의를 할 수 있는가? 불행하게도 나는 어떻게 양자 얽힘이 벨 게임에서 4점 만점에 3점보다 높은 점수를 얻게 할 수 있는지에 대한 직관적인 설명을 줄 수가 없다. 그러나 나는 이 색다른 게임을 통해 밝혀질 유쾌하고 유용한 결과들을 상상하며, 원자들과 광자들의 세계를 탐구하는 이 행보에 독자들을 초대하고자 한다. 이것이 우주에 대한 우리의 견해에 어떤 의미를 줄지 생각해 보자. 어린 아이가 장난감이 어떻게 작동하는지를 알기 위해서 부품들을 뜯어보는 것처럼 이 상관관계들을 분해해 보자.

상자 4. 벨 박사: 나는 양자공학자이다. 그러나 일요일에는 원칙을 따른다.

벨 박사를 매우 자주 만날 수 있었던 것은 행운이었다. 아래의 이야기는 그와 알게 된 지 얼마 되지 않은 시기에 일어났던 일이다.

나는 양자공학자이다. 그러나 일요일에는 원칙을 따른다. 1983년 3월의 만남에서 벨 박사가 한 말이다. 나는 이 말을 잊을 수가 없다! 그 유명한 벨 박사가 자신을 기구들이 작동하게 만드는 실용가인 공학자로 소개했다. 최근에 이론물리 박사학위를 자랑스럽게 받았던 나에게 그는 이론물리학계의 대스타였는데 말이다.

나는 스위스 서부에 위치한 주인 보(Vaud) 물리학회가 1983년에 주최한 교육자들과 연구자들의 연례행사 모임에 참석했었다. 몬타나(Crans-Montana, 스위스 알프스의 스키 리조트–옮긴이)에서 일주일을 지내면서 유명한 학자들의 강연을 듣고 스키도 즐길 수 있는 모임이었다. 그 해의 주제는 양자물리의 근본이었고, 특히 세계 최초로* 벨 게임에서 이긴 아스뻬 박사를 만나고 함께 스키를 타면서 오후를 즐길 수 있는 기회를 잡았다. 벨 박사가 당연히 초청됐어야 했고 또 실제로 초청되었지만 강연자 목록에 그의 이름은 없었다. 그의 강연이 없다는 것은 특히 양자물리의 근본을 연구하는 학자들에게는 있을 수 없는 일이었다. 나는 다른 한 학생과 같이 벨 박사에게 즉흥적인 강연을 해 줄 수 있는지 물었다. 그는 처음에 강연에 사용할 슬라이드들을 가지고 있지 않다는 이유로 거절했지만 결국 어느 날 저녁 식사 후에 그의 강연이 성사되었다. 급하게 강연실로 탈바꿈한 지하방에서 사람들은 바닥에 앉아서 그의 강연을 들었다. 원칙을 따르는 이 공학자는 어떻게 물리학을 실용적으로 사용해서 응용하는 데 적용하는지, 어렵지만 재미있는 실험들을 어떻게 수행하는지 그리고 모든 실질적인 상황에 잘 듣는 실증적 법칙을 어떻게 발견하는지를 설명해 주었다. 그는 그러면서도 자연을 모순 없이 일관되게 설명해야 한다는 과학의 가장 중요한 목적을 망각해서는 안 된다고 강조했다. 그의 강연을 들은 이후부터 벨 박사의 이 메시지는 내 뇌리에서 떠난 적이 없다.

---

* 미국 물리학자인 클라우저(John Clauser) 박사가 수년 전에 비슷한 성과를 거두었지만 상자들 간의 정보 교환이 배제되지 않았다. 또한 상자들이 오직 하나의 결과, 예를 들어 0만을 만들어낼 수 있었고, 또 다른 결과 1은 간접적인 측정으로 얻어냈다.

벨 게임에서 이긴다는 것이 통신을 의미하는 것은 아니다

앨리스와 밥이 4점 만점에 3점보다 높은 점수를 얻어 게임에서 이긴다고 가정해 보자. 거의 매번 1점을 얻어서 최종점수가 4점에 가깝다고 생각해도 좋다. 이들은 이것을 통신하는 데 사용할 수 있을까?* 이들은 서로 임의의 먼 거리에 떨어져 위치하고 있다고 생각해도 되므로 통신에 쓸 수 있다면 이것은 임의로 빠른 속도의 통신이 가능함을 의미한다.

앨리스는 어떤 방법으로 밥에게 정보를 전달할 수 있을까? 앨리스에게 주어진 유일한 방법은 조이스틱의 위치를 이용하는 방법이다. 예를 들어 왼쪽은 예, 오른쪽은 아니오를 의미할 수 있다. 그러나 밥의 관점에서 보면 그의 상자는 단지 무작위한 결과를 보여줄 뿐이다. 밥의 조이스틱의 위치와는 무관하게 가능한 두 결과인 $b = 0$과 $b = 1$이 같은 빈도로 나타날 뿐이다. 그리고 그것은 앨리스의 조이스틱의 위치와는 무관하게 나타나는 결과이다. 따라서 벨 게임의 상관관계를 이용해서 앨리스가 밥에게, 또는 밥이 앨리스에게 메시지를 전달할 방법은 없다. 상관관계가 존재한다는 사실은 오직 두 상자의 결과를 비교할 때만 알 수 있다. 1장의 특이한 전화를 다시 생각해 보라.

따라서 앨리스와 밥이 두 상자를 이용해서 통신을 하는 것은 불가능하다.** 앨리스와 밥은 단지 그들의 결과를 비교할 때, 즉 벨 게임을 마치고 둘

---

* 독자들은 벨 게임에서 이기기 위해 두 상자 간에 이루어지는 애매모호한 유형의 어떤 통신과, 앨리스와 밥이 그들의 상자 간에 만들어진 상관관계를 이용해서 수행하려는 통신 가능성을 혼동해서는 안 된다. 전자는 영향의 부류에 속하는 일종의 숨은 통신인 반면, 후자는 상자들의 내부 작동을 이해하거나 제어할 필요 없이 앨리스와 밥이 수행할 수 있는 통신이다.

이 만날 때 비로소 그들이 벨 게임에서 이겼는지 졌는지를(즉 3점보다 높은 점수를 얻었는지 얻지 못했는지를) 확인할 수 있다. 따라서 그들 간의 통신을 가능하게 해 줄 어떤 연결고리도 존재하지 않는다. 벨 게임만을 통한 통신은 발신자로부터 수신자로 가는 메시지를 전달하는 물리적 실체 없는 통신을 의미한다. 그것은 전달 없는 통신communication without transmission, 즉 상자 5에서 설명하는 불가능한 통신이다.

** 엄밀하게 말하면 만일 주변분포(marginal distribution)가 다른 부분의 입력값에 무관하면, 즉 만일 $\sum_b P(a,b\,|\,x,y) = P(a\,|\,x)$이고 $\sum_a P(a,b\,|\,x,y) = P(b\,|\,y)$이면 상관관계 $P(a,b\,|\,x,y)$는 통신에 사용될 수 없다.

그러나 두 상자를 연결하는 보이지 않는 줄과 같은 어떤 연결고리가 존재해서, 통신은 안 되지만 벨 게임에서 이기게 해 줄 수는 있지 않을까? 만일 그런 연결고리가 있다면 숨겨져 있는 비밀을 이해할 수 있을 것이다. 그러나 그것은 알고 나면 마술사의 단순한 손재주처럼 실망스러울지도 모른다.

그러나 물리학자들에게 그것은 중대한 발견의 초석일 수 있다. 이 연결고리는 무엇인가? 어떤 원리로 작동하는가? 이것은 두 상자 간의 가상적이고 숨겨진 영향을 얼마나 빨리 전달할 수 있을까? 그러나 당분간 눈에 보이는 연결고리는 인지되는 것이 없고, 또한 두 상자가 멀리 떨어져 있어서 빛의 속도로 전파해 나가는 영향이 제때에 목적지에 도착할 수 없다는 점에 유의하자. 더구나 앨리스와 밥은 서로가 어디에 있는지 알 필요도 없다. 그들은 각자 상자를 가지고 아무도 모르는 송수신처로 갈 수 있다.

상자 열기

벨 박사가 1964년에 벨 게임을 부등식의 형태로 제시했을 때 그것은 단지 머릿속에서 이루어지는 사고 실험에 불과했다. 그러나 그 후에 많은 연구실험실에서 이 게임은 현실화됐다. 그럼 이제 이 신기한 상자들을 열어 보자. 이것들이 벨 게임에서 이길 수 있게 해 줄 것이다.

상자 안을 들여다보면 물리 장비들이 완비되어 있다. 레이저들(빨간색, 초록색 그리고 아름다운 노란색 빛을 내는 레이저들), 저온유지장치(온도를 절대온도 0도, 즉 섭씨 약 −270도 가까이 내리고 유지하는 일종의 냉장고), 광섬유 간섭계들(광자들을 위한 광회로들), 두 개의 광자 측정기(빛의 입자들을 측정할 수 있는 장치) 그리고 시계가 있다(그림2.2 참조). 그러나 이것들은 주역이 아니다.

이 장비들을 더 면밀하게 살펴보면 모든 레이저빔이 만나는 지점인 저온유지장치의 중앙에 유리조각 같이 보이는 2 ~ 3mm 크기의 작은 결정이 있는 것을 볼 수 있다. 눈에 잘 띄지도 않는 이 결정이 전체 장치의 핵심인 것처럼 보인다. 실제로 조이스틱을 왼쪽 또는 오른쪽으로 움직이면 레이저 펄스들이 발사되어서 결정을 비추고 결정에 연결되어 있는 간섭계 안의 압전 소자 piezoelectric element*를 활성화시킨다. 이 압전 소자는 조이스틱과 같은 방향으로 약간의 거리를 움직인다. 그러면 두 광자측정기 중 하나가 반응하고, 상자는 0

---

* 압전 소자에 압력이 가해지면 전위차가 생기고 반대로 전위차를 주면 압전 소자는 수축된다. 두 현상은 서로 밀접한 관련이 있다. 이에 대한 가장 잘 알려진 응용은 가스라이터이다. 압력을 가하면 적은 양의 전압이 형성되고 방전이 일어나면서 불꽃이 튄다. 또 다른 예로 레코드 턴테이블의 바늘에 사용되는 사파이어가 있다.

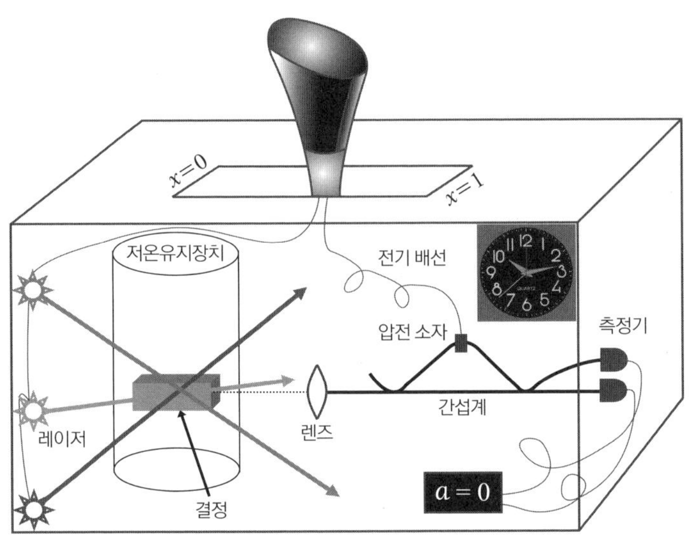

그림 2.2. 벨 게임 상자의 내부. 앨리스와 밥은 복잡한 장비들로 구성되어 있는 상자의 내부를 본다. 그러나 이 상자들의 내부를 국소적으로만 관측해서는 벨 게임이 어떻게 이루어지는지를 이해할 수 없다. 벨 게임에서는 국소적으로 설명할 수 없는 상관관계가 만들어지기 때문이다.

또는 1의 숫자를 만들어낸다. 확실한 것은 조이스틱이 레이저 펄스들의 영향으로 결정 안에 무언가가 일어나게 만들고 압전 소자가 작동하면서 간섭계의 상태가 결정된다는 것이다. 마지막으로 결과는 측정기에 의해서 관측된다. 두 상자는 완전히 똑같다. 다시 말하지만 비밀은 장치의 중앙에 위치한 작은 결정에 있는 것으로 보인다.

결국 상자를 관찰해 봐도 결정적인 단서를 구할 수 없다. 이것이 바로 이 장의 메시지이다. 상자들의 구조를 살펴보고 어떻게 작동하는지를 면밀히 조사하더라도 우리는 만족할 만한 설명을 찾을 수 없다. 사실 우리는 이미 벨 게임에서 어떻게 이기는지에 대한 국소적 설명은 존재하지 않으며, 따라서 각각의 상자를 국소적으로 조사해서는 이에 대해 설명할 수 없음을 알고 있다. 여기서 한번 되짚어 보자. 결국 이 복잡한 장치가 하는 일은 조이스틱이 왼쪽 또는 오른쪽으로 움직일 때마다 둘 중 한 결과를 만들어내는 것이다. 따라서 아무리 메커니즘이 복잡하더라도 상자가 할 수 있는 일이란 먼저 기술했던 네 개의 프로그램 중 하나를 실행하는 것뿐이다. 무엇을 더 할 수 있겠는가? 조이스틱이 움직일 수 있는 방향은 둘뿐이고 나올 수 있는 결과는 이진법의 두 숫자 중 하나일 뿐이다. 여러 개의 레이저, 저온유지장치, 광자측정기 등은 이와 같이 단순한 프로그램을 실행하기 위한 장비로는 과도해 보인다. 그러나 이 장치들은 벨 게임에서 이기게 해 주는 것들이므로 이들의 용도는 아직 유효하다.

양자물리 이전의 물리학자라면 많은 시간을 투자해 이 장치를 조사했더라도 아무것도 이해하지 못했을 것이다. 따라서 이 책을 읽는 독자가 상자들 안에서 어떤 일이 벌어지는지 이해가 안 된다고 당황할 이유는 없다. 우리는 6장에서 해답을 얻을 것이다. 그러나 우선 상자들의 핵심 부분은 결정들이고 이 결정들이 얽혀 있다는 것만 알아두자.* 그런데 얽혀 있다는 것은 무엇을 의미하는가? 현재로서는 얽힘 이 벨 게임에서 이길 수 있게 해 주는 양자물리의 개

---

* 전문가들을 위해서 앨리스의 결정 전체가 밥의 결정 전체와 얽힌 것이 아니라는 점을 밝혀야겠다. 각 결정은 수십억 개의 희토류 이온들로 구성되어 있다. 앨리스의 결정 속에 있는 여러 개의 이온들의 집합적 여기(excitation)가 밥의 결정 속 이온들의 비슷한 여기와 얽혀 있다. (Christoph Clausen, Imam Usmani, Félix Bussières, Nicolas Sangourd, Mikael Afzelius, Hugues de Riedmatten, and Nicolas Gisin: *Quantum storage of photonic entanglement in a crystal*, Nature **469**, 508-511, January 2011.)

념을 일컫는 단어라고만 알아두자. 참고 기다리라!

결론적으로 상자 안에 정확히 어떤 것들이 들어 있는지는 중요하지 않다. 중요한 것은 물리학자들이 적어도 원리적으로는 앨리스와 밥이 벨 게임에서 4점 만점에 3점보다 높은 점수를 얻을 수 있도록 상자들을 만들 수 있고, 이 원리의 핵심이 되는 요소가 얽힘이라는 사실이다. 벨 게임에서 이기는 것이 가능하다는 사실 자체가 매우 의미있는 결론이다. 이 사실은 빈 공간에 떠 있는 지구의 사진처럼 명백하다. 지구는 둥글고 양자물리는 비국소 상관관계가 존재한다고 알려주고 있다.

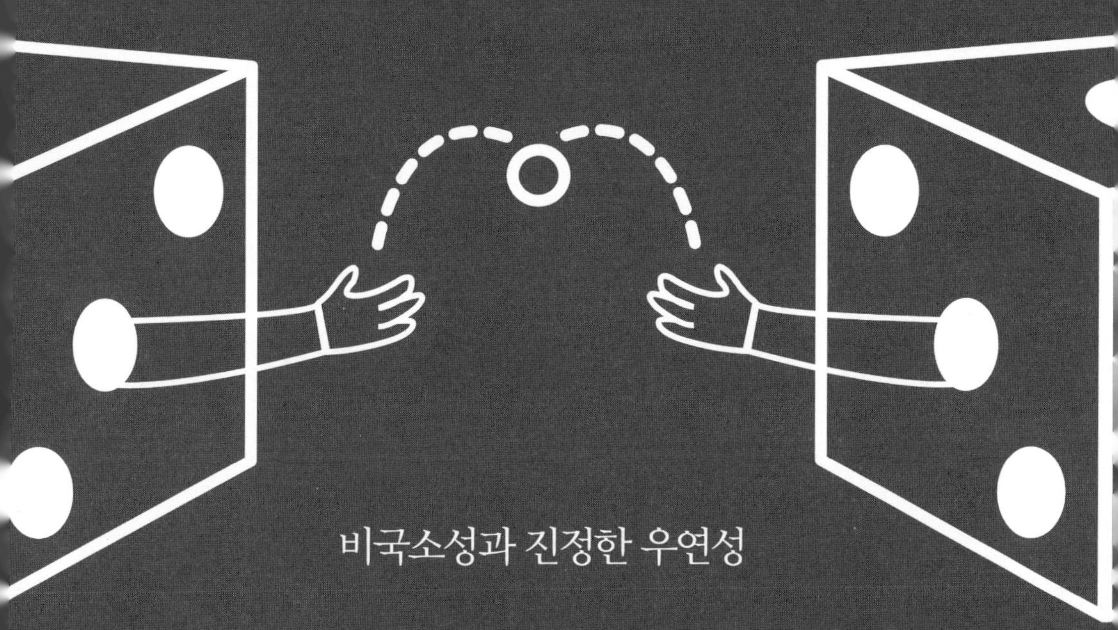

CHAPTER 3

비국소성과 진정한 우연성

우리는 벨 게임에서 3점을 얻기는 쉬움을 알았다. 예를 들어 항상 같은 결과를 내도록 사전에 약속하면 된다. 반면에 우리는 앨리스와 밥이 4점 만점에 3점보다 높은 점수를 얻기 위해 독립적으로 적용할 수 있는 국소적 전략은 존재할 수 없다는 것도 알았다. 이것이 2장의 주요 결론이었다.

그런데 만일 두 사람이 벨 게임에서 이겼다면, 다시 말해서 4점 만점에 3점보다 높은 점수를 얻었다면 어떤 결론을 내려야 할까? 우선 쉽게 생각할 수 있는 결론은 두 가지이다. 그들이 어떤 수단을 써서 서로에게 영향을 주었거나 속임수를 썼다는 결론이다. 그런데 이 두 가능성을 모두 배제할 수 있다고 생각해 보자. 그러면 가능한 결론은 2장에서 제시한 논리에 오류가 있다는 것이다. 과거 여러 해 동안 많은 물리학자들과 철학자들이 그 가능성을 연구했었다. 독자들도 잠시 스스로 생각해 보라. 전문가의 논리를 무조건 받아들이지는 말아야 한다는 사실을 상기할 필요가 있다. 누구든지 과학적 논리가 맞는지를 검사하고 확인할 권리와 의무가 있다. 이것은 여기서 무척 중요하다. 왜냐하면 통신 없이 벨 게임에서 이길 수 없다는 것을 보여주는 논리는 단순하고 투명하기 때문이다. 앨리스와 밥은 각각 네 개의 가능한 전략 중에서 하나를 선택할 수밖에 없다는 점을 상기하자. 따라서 가능한 전략의 배합은 $4 \times 4 = 16$가지이고, 이 중 어떤 경우에도 4점 만점에 3점보다 높은 점수를 얻을 수 없다(2장의 표 2.1 참조). 2장의 관련 논리를 다시 한번 복습한 다음 친구에게 설명해 보길 권한다.

이 논리가 옳다고 믿을 만한 타당한 이유들이 있다. 수많은 물리학자, 철학자, 수학자들과 컴퓨터, 정보이론 전문가들이 검증한 논리적으로 흠이 없는 이론이다. 그런데 왜 4점 만점에 3점보다 높은 점수를 얻는, 불가능해 보이는 가능성에 대한 논쟁을 제기하는 것일까? 이것이 바로 핵심이 되는 질문이다. 논리는 너무 간단해서 양자물리가 개입돼 있지 않다면 이 논리에 흥미를 느낄 사람은 아무도 없을 것이다. 아무런 관련도 없고 흥미롭지도 않으며 자명한 여러 가지 사실들 중 하나일 뿐이다. 우리가 이 질문을 좀 더 파고 들어가려는 이유는, 오늘날의 물리학에 의하면 두 사람 사이의 통신이나 속임수 없이 실제로 벨 게임에서 이길 수 있기 때문이다.

비국소적 단일체

벨 게임에서 3점보다 높은 점수를 지속적으로 얻는다면 어떤 결론을 내릴 수 있을까 라는 질문으로 다시 돌아가 보자. 유일한 가능성은 앨리스와 밥의 상자들이 멀리 떨어져 있음에도 논리적으로는 분리되어 있지 않다는 것이다. 따로 분리된 실체로서 먼 거리에 떨어져 있음에도 앨리스의 상자는 여기에서, 밥의 상자는 저기에서 독립적으로 기술될 수 없다는 것이다. 다시 말하면 앨리스의 상자는 여기서 이렇게 작동하고 밥의 상자는 저기서 저렇게 작동한다는 식으로 말할 수 없다. 멀리 떨어져 있어도 두 상자는 마치 하나의 실체 같이 행동한다. 논리적으로 두 부분으로 나누어질 수 없는 실체, 간단히 말해서 비국소적 단일체이다.

그러면 비국소적 단일체nonlocal whole란 무엇인가? 이것이 실제로 문제를 이해하는 데 도움이 되는가? 정말로 명석한 사람이 아니면 이해하기 힘들 것이다. 여기서 비국소nonlocal 란 단어는 단순히 서로 독립적이고 국한된 장소에 위치해 있는 두 부분으로는 기술할 수 없는 어떤 상황을 의미한다. 물론 앨리스와 밥 그리고 그들의 상자들은 보통 사람들이나 상자들과 마찬가지로 각각 국한된 장소에 존재한다. 그들 각각을 두꺼운 콘크리트 벽과 납 상자와 같은 물체들로 둘러싼다고 해도 그들의 행동을 앨리스의 상자는 이렇고 밥의 상자는 저렇다 라는 식으로 따로따로 기술할 순 없다. 각각의 상자에 그 자체의 행동과 전략이 있다면 벨 게임에서 이기는 것은 불가능하다. 설사 두 상자를 멀리 떨어뜨리기 전에 행동과 전략을 미리 논의하고 조정했다 하더라도 불가능하다.

우리는 수긍하기 쉽지 않은 매우 놀라운 결론에 도달하고 있다. 앨리스와 밥이 3점보다 높은 점수를 얻는다면 둘 사이의 먼 거리에도 불구하고, 또한 두 사람의 신원을 각각 독립적으로 확인할 수 있음에도 불구하고, 게임의 결과는 하나는 앨리스에 의해, 다른 하나는 밥에 의해 국소적으로 만들어질 수 없다. 그들의 결과들은 비국소적 방법으로 만들어진다. 이것은 마치 앨리스의 상자는 밥의 상자가 무엇을 하는지, 또 밥의 상자는 앨리스의 상자가 무엇을 하는지를 아는 것과 같다.

상자 6. 비국소 계산

벨 게임에서 이긴다는 것은 앨리스와 밥의 결과들이 서로 상관관계를 갖고 있어서 식 $a+b=x\times y$가 4번 중 3번보다 더 자주 만족된다는 것을 의미한다. 따라서 $x\times y$의 값을 국소적 추측으로 가능한 정도보다 더 자주 알아내야 한다. x와 y의 입력값들은 공동으로 존재하는 것이 아닌데도, 즉 x는 앨리스와 그녀의 상자만 알고 y는 밥과 그의 상자만이 아는데도 그렇다는 것이다. 여기서 매우 놀라운 계산기, 즉 양자컴퓨터(quantum computer)의 아이디어가 나온다. 양자컴퓨터의 이야기는 매우 길고 이 책의 범위 밖의 내용이다(사실 진정한 다목적 컴퓨터라기보다는 양자 프로세서를 생각하는 것이 더 맞을 것이다).

텔레파시와 진정한 쌍둥이

이 시점에서 어떤 독자들은 텔레파시를 생각할지도 모른다. 또는 멀리 떨어져 있는데도 같은 결정을 내리고 같은 병을 앓는 쌍둥이를 생각할지도 모른다. 그러나 그렇지 않다는 것을 논증해 보이겠다.

쌍둥이의 경우부터 생각해 보자. 쌍둥이들은 같은 유전자들을 공유하기 때문에 서로 비슷하게 생겼고 대체로 구별하기도 힘들다. 이것은 마치 유전자의 작동 명령에 해당되는 전략을 공유하고 있는 국소적 앨리스와 밥과 같다. 그러나 우리는 그들의 전략 또는 그들의 상자들에 저장된 전략이 무엇이든지 간에 벨 게임에서 이길 수 없음을 알고 있다. 같은 논리로 아무리 똑같은 환경의 영향 하에서 자라난 완전히 똑같은 일란성 쌍둥이라도 벨 게임에서 이길 수는 없다. 따라서 쌍둥이의 예는 국소 상관관계를 이해하는 데 도움을 주는 것이지 벨 게임에서 어떻게 이기느냐의 문제를 이해하는 데에는 아무런 도움이 되지 못한다. 완전한 쌍둥이라도 벨 게임에서 이길 수는 없다.[*]

[*] 그러나 벨 게임에서 이기기 위해서 자주 사용되는 광자의 얽힘쌍, 즉 쌍둥이 광자와 혼동해서는 안 된다.

텔레파시는 도움이 될까? 텔레파시가 존재한다면 두 사람이 떨어져 있더라도 생각을 통해서 통신할 수 있다. 벨 게임과의 차이점은 벨 게임에서는 이기기 위해서 통신할 필요가 없다는 점이다. 결과가 무작위적으로 그러나 계획된 방식에 따라 나오기만 하면 된다. 앨리스와 밥의 상자들은 상대방이 뭘 하고 있는지 알아야 하지만, 앨리스와 밥은 이 아는 것을 이용해서 정보를 전달할 수는 없다. 따라서 두 상자가 어떤 방식으로든 텔레파시를 이용한다고 상상할 수는 있겠지만, 앨리스와 밥이 텔레파시를 사용해 벨 게임에서 이기는 것은 아니다.

개인적으로 나는 상자들이 텔레파시를 이용할 수 있다는 아이디어를 별로 좋아하진 않는다. 우리의 문제를 이해하는 데 도움이 안 되기 때문이다. 그것은 비국소란 단어를 텔레파시란 단어로 대체하는 것뿐이라는 느낌이다. 그러나 만일 독자가 이 용어가 문제를 이해하는 데 도움이 된다고 생각하면 이 아이디어를 배제할 이유는 없다. 단지 여기서는 텔레파시를 이용하는 주체가 사람들이라기보다는 상자들, 더 정확히는 상자들 중앙에 위치해 있는 결정들이란 것을 잊지 말아야 한다. 더구나 이 용어는 오해의 소지가 있는 것이, 텔레파시에는 송신자와 수신자가 있기 때문이다. 나중에 보겠지만 그런 것은 불가능하다. 또한 벨 게임 실험에서는 앨리스와 밥 사이에 완벽한 대칭관계가 존재한다. 송신자와 수신자를 구별해 줄 수 있는 어떤 것도 없다.

원거리 조직적 행동은 통신이 아니다

비국소적 단일체의 아이디어는 순간적인 통신의 가능성을 생각해 보게 한다. 만유인력 이론에 나타난 비국소성에 대한 뉴턴의 반응을 상기해 보자. 실제로 앨리스와 밥의 상자들이 벨 게임에서 이겼다면 조이스틱이 왼쪽 또는 오른쪽으로 움직인 다음에 그 상자들이 조직적인 행동을 했기 때문이다. 그러나 그들은 멀리 떨어져 있으므로 먼 거리에서 조직적인 행동을 할 수 있어야 한다. 이것이 아인슈타인이 유령의 세계에서나 있을 수 있는 원격작용 이라고 부른 것이다. 이 표현은 위대한 과학자 아인슈타인이 비국소적 단일체의 아이디어를 좋아하지 않았음을 단적으로 보여준다. 그러나 그 후의 많은 실험들이 아인슈타인의 직관에는 위배되며, 양자이론이 옳음을 증명하는 결과들을 보여주었다. 자연은 멀리 떨어진 두 상자가 하나의 물체인 것처럼 조직적인 행동을 하는 것을 허용한다.

그러나 원거리 조직적 행동coordination은 통신communication이 아니다. 그럼 통신 없이 어떻게 조직적인 행동을 할 수 있을까? 인간인 우리는 그런 재주가 없고 따라서 어떻게 그렇게 할 수 있는지 상상하기가 힘들다. 사실 통신 없이 조직적 행동을 보이려면 상자들은 미리 결정된 결과들을 내보내면 안 되고 무작위적으로 그들의 결과들을 내보내야 한다. 이해를 위해 그 반대를 가정해 보자. 즉 상자들이 미리 결정된 결과들을 내보낸다고 가정해 보자. 우리는 이제 이 가정이 옳다면, 앨리스와 밥 사이에 아무런 전달이 없는 통신이 허용된다는 사실을 보일 것이다. 그러나 전달 없는 통신communication without transmission은 불가능하므로(상자 5 참조) 벨 게임에서 이긴 상자들이 미리 결정된 결과들을 내보낼 순 없다는 결론에 도달하게 된다.

이 문제를 좀 더 잘 이해하기 위해서 위의 가정에 따라 앨리스의 상자가 항상 $a = 0$의 결과를 내고 밥이 $y = 1$을 선택하는 간단한 경우를 생각해 보자. 밥이 $b = 0$의 결과를 얻으면 그는 (앨리스의 전략을 밥도 알고 있으며 게임에서 이겼다고 가정해서-옮긴이) $a = b$인 것을 알고 앨리스가 아마도 $x = 0$을 선택했을 거라고 추론할 수 있다. 반면 $b = 1$의 결과를 얻으면 $a \neq b$인 것을 알고 앨리스가 아마도 $x = 1$을 선택했을 거라고 추론할 수 있다. 실제로 그들이 벨 게임에서 점수를 얻는 방법은 이런 방법밖에 없다. 상자 7은 이 중요한 결론이 앨리스의 선택과 그 결과의 관계와 무관하게 성립한다는 것을 보여준다.

위의 예로부터 우리는 앨리스의 상자가 미리 결정된 방법으로 결과를 만들어내고(61쪽에 설명되어 있는 네 개의 프로그램 중 하나에 따라서) 밥이 그 방법을 알고 있다면 밥은 자신의 상자의 결과로부터 앨리스가 어떤 선택을 했는지 알아낼 수 있다는 사실을 이해해야 한다. 따라서 위의 가정 하에서 밥은 멀리서도 앨리스의 생각을 읽을 수가 있다. 실제로 그들이 1점을 얻을 때마다 밥은 앨리스가 무슨 선택을 했는지를 올바르게 추측할 수 있다. 그들이 벨 게임에서 이길 수만 있다면 이런 유형의 통신은 통상적으로 쓰일 수 있을 것이다.

위와 같은 통신의 전달 속도는 앨리스와 밥 사이의 거리에 무관하므로 거의 순간적이라고 할 수 있다. 이 통신의 속도는 특히 빛의 속도보다도 빠를 수 있다. 그러나 사실 여기서는 빛의 속도가 우리의 논리에서 특별한 위치를 차지하지는 않는다. 왜냐하면 앨리스와 밥을 임의로 아주 멀리 떨어져 있게 하면 어떤 속도보다도 더 빠르게 통신을 할 수 있기 때문이다. 더 중요한 것은 이런 통신은 비물리적 통신이라는 점이다. 앨리스의 상자와 밥의 상자 사이에서 실제로 정보를 실어 나르는 매개체가 없기 때문이다. 그러나 전달 없는 통신은 불가능하다(71쪽 상자 5 참조).

요약하자면 이렇다. 만일 앨리스와 밥이 먼 거리에서 조직적인 행동을 할 수 있다면, 그리고 이 조직적인 행동이 그들 사이의 통신에 사용될 수 없는 유형이라면, 앨리스의 결과가 미리 지정된 방법으로 만들어질 순 없다. 비국소적인 우연성의 과정에 의해서 무작위적으로 만들어져야 한다.

상자 7. 결정론은 전달 없는 통신을 의미한다.

결정론의 가정에 의하면 조이스틱이 움직이는 방향에 따라 생성되는 상자의 결과를 결정하는 어떤 관계가 존재한다. 그러나 앨리스의 조이스틱의 방향과 그에 따른 결과 사이의 결정론적 관계는 밥으로 하여금 멀리서도 앨리스의 선택을 읽을 수 있게 허용하며 따라서 전달 없는 통신을 가능하게 한다. 그런 통신은 불가능하므로 결정론도 역시 불가능하다. 이 결론이 옳다는 것을 더 확실하게 하기 위해서 두 번째 예를 생각해 보자.

앨리스의 조이스틱이 왼쪽으로 움직이면 상자가 $a = 0$의 결과를 만들어내고 오른쪽으로 움직이면 $a = 1$의 결과를 만들어내는 경우를 생각해 보자. 이것은 2장의 전략 3, 즉 $a = x$(61쪽 참조)에 해당된다. 이 경우 만일 밥이 조이스틱을 왼쪽으로 움직인다면, 즉 $y = 0$이면 그의 상자의 결과로부터 앨리스가 조이스틱을 움직인 방향을 추론할 수 있다. 예를 들어 그의 결과가 $b = 0$이면 그들이 점수를 얻기 위해서는 앨리스가 조이스틱을 왼쪽으로 움직였을 수밖에 없다. $y = 0$의 경우에 점수를 얻었다면 $a = b$가 되어야 하고 밥은 그의 선택이 $b = 0$임을 알기 때문에 $a = 0$일 것이라고 추론할 수 있고 따라서 $x = 0$, 즉 앨리스가 그녀의 조이스틱을 왼쪽으로 움직였다고 추측할 수 있다.

위의 결론이 선택 x와 그에 따른 결과 a 사이의 관계에 상관없이 성립하는 것을 보기 위해서 식 $a + b = x \times y$에 있는 네 개의 변수 중에 밥은 그의 선택 y와 그의 결과 b, 즉 두 개를 안다는 사실에 주목하자. 추가로 밥이 $a = \text{function}(x)$의 관계식을 안다면 밥은 앨리스의 선택 x를 계산할 수 있다. 예를 들어 만일 $a = x$라면 식 $a + b = x \times y$는 $x + b = x \times y$로 쓸 수 있고 밥이 $y = 0$의 선택을 한 경우에는 $x = b$가 되어 밥의 상자의 결과가 앨리스의 선택과 같은 것을 알 수 있다.

앨리스의 조이스틱 방향에 따라 결과를 결정짓는 관계식은 시도할 때마다 바뀔 수 있으나, 시도하는 매 순간에는 고정되어 있으며 실제로는 실험하기 전에 결정되어 있을 것이다. 그런 경우 밥이 매 순간에 적용되는 관계식을 모른다고 가정해야 할 이유가 없다. 그리고 어떤 관계식을 쓰든 앨리스가 조이스틱을 움직이는 방향을 높은 확률로 알아낼 수 있다. 즉 매 순간마다 밥이 앨리스의 마음을 읽는 것과 같고 따라서 전달 없는 통신이 가능해진다는 얘기가 된다.

비국소 무작위성

위에서 봤듯이 앨리스와 밥의 결과들은 우연chance에 의해 만들어져야 하지만 이 우연성은 앨리스의 상자와 밥의 상자에 서로 독립적으로 작용하진 않는다. 왜냐하면 앨리스의 상자와 밥의 상자에는 똑같은 우연성 사건chance-like event이 일어나기 때문이다. 이것이야말로 정말 흥미로운 것이다! 우연은 그 자체로 흥미로운 개념이지만 여기서는 멀리 떨어진 두 지점에서 똑같은 우연성 사건이 나타난다. 이 설명은 우리의 상식과는 완전히 반대되지만 어쩔 수 없다. 아인슈타인을 포함한 많은 물리학자들도 이것을 수긍하기 힘들어 했으니 이 설명이 이해되지 않는다고 좌절하지는 말자. 아인슈타인은 벨 게임에서 이길 수 있다는 것을 끝까지 믿지 않았다.

우리는 5장에서 비국소 무작위성을 집중적으로 논의하고 6장에서 벨 게임에서 이기게 해 주는 실험들에 대해 설명할 것이다. 9장에서는 이 실험들의 타당성을 면밀히 검토하고, 우리의 논리가 국소적 설명을 완전히 배제할 수 있을 정도로 완전무결한지 알아볼 것이다.

3장을 마치기 전에 우리의 설명 으로 돌아가자. 설명이란 단어에 인용부호를 붙인 이유는 그 설명이 무엇을 의미하는지 또는 그 설명에 무엇이 요구되는지 자문할 시점에 도달했기 때문이다. 설명이란 설명해야 할 현상에 대해서 말해주는 이야기이다. 그렇다고 해도 어떤 독자들은 비국소 무작위성에 대해서 단지 얘기만 하는 것은 설명의 기준에 못 미친다고 반론을 제기할 것이다. 일리 있는 말이다. 그러나 다음의 결론은 불가피하다. 공간상 국소적이고 시간상 연속적인 이야기를 가지고는 벨 게임에서 어떻게 이길지 얘기할 도리가 없다.

뉴턴 시대의 사람들에게 인간도 모두 지구 중심을 향해서 떨어지고 있다는 설명을 받아들이라고 했을 때의 상황을 생각해 보라. 그것이 설명이었을까? 예 이면서 동시에 아니오 이다. 중력에 대한 설명은 우리가 경험하는 지금 이 시간에 (떨어지고 있다) 우리가 있는 공간에서 (지구 중심을 향해) 일어나고 있다는 이점이 있다. 그러나 우리 몸이 두 눈을 감은 상태에서도 지구가 어디 있는지를 어떻게 아는지는 설명해 주지 못한다.

비국소 무작위성의 설명은 자유낙하 설명보다 덜 만족스러울 수 있다. 그러나 중요한 것은 국소적인 실체에만 의존해서는 설명이 불가능하다는 것이다. 벨 게임에서 이기는 것은 **자연이 비국소적이라는** 것을 입증하는 것과 마찬가지이다.

그러면 우리는 설명하려는 시도를 포기해야 하는가? 대답은 아니오 이다. 우리는 공간의 한 점에서 다른 점으로의 전파 없이 멀리 떨어져 있는 두 물체에 나타나는 궁극적 무작위성irreducible randomness, 즉 비국소 무작위성과 같은 비국소적 현상들을 포함하는 이야기를 받아들여야 한다.* 비국소성은 우리가 자연의 내부 작업을 설명하기 위해서 사용하는 개념의 도구상자를 확장할 수밖에 없게 만든다.

이해를 돕기 위해 조이스틱을 움직임으로써 던져지는 일종의 비국소 주사위를 생각해 보자. 이 비국소 주사위는 앨리스가 그녀의 조이스틱을 x의 방향으로 움직이자마자 a의 결과를 내 놓고, 밥이 그의 조이스틱을 y의 방향으로 움직이자마자 b의 결과를 내 놓는다. 두 결과 a와 b는 우연을 따르지만 벨 게임의 목표를 자주 만족시키는 방향으로 서로를 끌어당긴다는 보장이 있는 우연이다. 즉 결과들은 식 $a + b = x \times y$를 자주 만족시킨다.

세상이 결정론적이 아니라고 받아들이는 순간, 즉 궁극적 무작위성이 실제로 존재한다고 받아들이는 순간, 우리는 이 무작위성이 반드시 고전적 확률**을 지배하는 법칙들과 같은 법칙에 의해 지배되지는 않는다는 점, 그리고

---

* 비국소 무작위성을 사용하는 설명이 완전하고 확고하다고 주장할 의사는 없다. 그러나 과학자들은 항상 설명을 찾아내려고 노력하고 있으며, 우리가 고려하고 있는 현상에 대한 설명은 비국소적이어야 한다고는 말할 수 있다. 역사가 결국 선택할 설명은, 현재의 물리학을 뛰어넘어서 양자물리를 근사적으로 포함하는 새로운 물리학을 발견하게 해 주는 설명일 것이다. 이 새로운 물리학은 벨 게임에서 이기는 것을 허용해 주어야 한다. 그렇지 않으면 실험 결과들과 일치하지 않기 때문이다. 이런 이유로 새로운 물리학은 비국소적이어야 한다.

** 고전물리학에서는 측정의 결과가 항상 미리 결정되어 있다. 어떤 의미로는 결과가 측정되는 계의 물리적 상태에 쓰여 있다고 말할 수 있다. 확률은 단지 정확한 물리적 상태를 모르는 데에서

또한 통신에 사용될 수 없다는 한도 내에서는 이 무작위성이 여러 장소에서 동시에 나타나는 것을 금지하는 아무런 원리도 없다는 점을 받아들여야 한다.

진정한 무작위성

위에서 본 바와 같이 벨 게임에서 이기는 방법을 임의의 빠른 속도의 통신이 아닌 다른 방법에서 도출하려면 오직 한 가지 길밖에 없다. 즉 앨리스의 상자에서 매분마다 나오는 결과가 미리 결정된 관계가 아니라 진정으로 우연적 방식에 의해서 나와야 된다. 궁극적 무작위성의 가정만이 밥으로 하여금 앨리스의 선택과 결과와의 관계를 알아내지 못하게 한다. 만일 궁극적 우연성이 아니라면 밥과 물리의 세계는 결국 그 관계를 알아낼 것이다.

그러므로 우리는 앨리스의 상자가 그 결과를 국소적으로 만들어낸다는 생각을 버려야 한다. 두 상자는 전체적으로 통일되게 한 쌍의 결과를 만들어내

나온다. 모르기 때문에 과학자들은 통계적 방법과 콜모고로프(Andrey Kolmogorov)의 공리를 따르는 확률적 계산에 의존한다. 양자물리에서는 계의 상태를 완전하게 안다 하더라도 측정의 결과가 미리 결정되지 않는다. 단지 이러저러한 결과가 나올 경향이 측정되는 계의 물리적 상태에 쓰여 있다. 이 경향들은 같은 법칙을 따르지 않고 콜모고로프의 공리를 따르지 않는다. 그러나 양자물리의 어떤 결과들은 미리 결정된다는 점에 유의하자. 양자물리의 수학적 이론의 구조(힐베르트 공간)는 완전히 알고 있는 상태들, 즉 순수상태들에 대해서 미리 결정되어 있는 결과들의 집합이 모든 가능한 다른 결과들을 특징지어 준다. 이런 의미에서 양자물리의 경향성은 고전 결정론의 논리적 일반화라고 볼 수 있다. (N. Gisin: *Propensities in a non-deterministic physics*, Synthese **89**, 287-297, 1991 ; arXiv : 1401.0419도 참조)

야 한다. 비록 앨리스 또는 밥의 관점에서 보면 그들 각각의 결과는 우연적으로 보이지만   .

진정한 무작위성의 개념은 특별히 관심을 가져 볼 만한 가치가 있다. 무작위적 현상의 전형적인 예로는 동전을 던져 앞면이 나오는지 뒷면이 나오는지 맞추는 게임 또는 주사위 던지기 게임이 있다. 여기서는 공기 분자들이 동전의 운동에 미치는 영향, 주사위가 튀어나오는 표면의 거칠기와 같은 미시 현상의 복잡성 때문에 실질적으로 그 결과를 예측하는 것이 불가능하다. 그러나 이 불가능성은 단지 여러 가지 사소한 원인들이 함께 작용해서 결과를 만들어내기 때문이고 본질적인 것은 아니다. 만일 우리가 면밀한 주의를 기울이고 알맞은 계산 방법으로 주사위 운동의 세부사항들을 고려한다면, 주사위를 던지는 운동, 공기 분자들, 주사위가 튀어나오고 결국은 그 위에 멈추는 표면 등에 대한 초기 조건이 주어졌을 때, 앞면이 나올지 뒷면이 나올지를 원칙적으로 예측할 수 있다. 따라서 이것은 진정한 무작위성의 예가 아니다.

다음의 또 다른 예는 우리가 말하고자 하는 차이를 더 확실히 드러내 줄 것이다. 수치 시뮬레이션을 수행하기 위해서 엔지니어들은 자주 유사난수pseudo-random number라는 것을 사용한다. 많은 문제들이 이런 방식으로 분석된다. 예를 들어 새로운 항공기의 개발을 생각해 보자. 여러 다른 시제품들을 만들어서 하나씩 실제로 테스트하는 대신 엔지니어들은 컴퓨터에서 여러 다른 시제품들을 비교 계산한다. 바람과 기타 예측할 수 없는 여러 요인들에 따라 변화하는 비행 조건들을 고려하기 위해서 엔지니어들은 그들이 사용하는 컴퓨터 프로그램에서 유사난수들을 사용한다. 이 난수들은 컴퓨터에서 만들어진다. 그런데 컴퓨터는 그 자체가 우연과는 아무런 관련이 없는 결정론적 기계이다. 따라서 이 난수들은 무작위적으로 만들어지는 것이 아니라 주사위를 던질 때의 결과와 마찬가지로 유사 라는 수식어로 설명될 수 있다. 어떤 유사 난수와 그 다음의 유사난수와의 관계는 미리 결정되어 있다. 단지 그 관계가 복잡해서 쉽게 추측할 수 없을 뿐이다. 처음 보기에는 유사난수가 충분히 필요한 역할을 하고 실제로 컴퓨터가 만들어내는 유사난수와 진정한 무작위성에서 나오는 난수들과는 차이가 없는 것처럼 보일 수도 있다. 그러나 그렇지 않다. 유사난수들을 사용해서 모의계산을 수행했을 때는 아무 문제가 없었던 항공기 모형들이 실제 비행에서는 문제를 일으키는 경우들이 있다.* 이런 경우는 드물긴 하지만 어쨌든 존재한다. 유사난수를 만드는 프로그램을 아무리 절묘하게 잘 만들어도 이런 경우는 존재한다. 반면에 진정한 무작위성에서 생성되는 숫자들을 사용하면 잘못된 경우는 나오지 않는다. 따라서 주사위를 던지는 게임 같이 단지 표면적으로만 무작위성을 갖는 현상들과, 통신을 허용하지 않으면서 벨 게임에서 이길 수 있게 해 주는 유형의 진정한 무작위성을 갖는 현상들 사이에는 실질적인 차이가 존재한다. 게다가 진정한 무작위성의 존재는 우리 사회의 유용한 자원이 된다. 이에 대해서는 7장에서 논의할 것이다.

---

* Ferrenberg, A.M., Landau, D.P., Wong, Y.J.: *Monte Carlo simulations: Hidden errors from 'good' random number generators*, Phys. Rev. Lett. **69**, 3382 (1992); Ossola, G., Sokal, A.D.: *Systematic errors due to linear congruential random-number generators with the Swendsen-Wang algorithm: A warning*, Phys. Rev. E **70**, 027701 (2004).

진정한 무작위성은 통신 없는 비국소성을 허용한다

결론적으로 통신 없이 벨 게임에서 이긴다는 것은 필연적으로 앨리스와 밥의 상자들이 진정으로 무작위한 방법으로 결과들을 만들어낸다는 것을 의미한다. 이 무작위성은 근본적인 특성이지 복잡한 결정론적 메커니즘에서는 나올 수 없다. 이것은 자연이 순수한 창조행위를 수행할 역량이 있음을 의미한다!

아인슈타인처럼 신은 주사위 놀이를 하지 않는다고 주장하는 대신 오히려 왜 신은 주사위 놀이를 하는가라고 묻자.[*] 그에 대한 답은, 자연은 전달 없는 통신의 가능성 없이도 비국소적일 수 있다는 것이다. 우리가 자연은 진정한 무작위성 현상을 만들어낼 수 있다고 받아들이면, 이 무작위성이 나타나는 곳을 꼭 국한된 한 장소라고 제한할 이유는 없다. 진정한 무작위성은 여러 장소에서 동시에 나타날 수 있다. 그런 비국소 무작위성은 통신에 사용될 수 없으므로 자연을 제한할 이유는 없다.

따라서 우리는 우연chance과 국소성locality이라는, 표면적으로는 지극히 이질적인 두 개념이 실제로는 밀접하게 연관되어 있다는 것을 발견했다. 진정한 무작위성이 존재하지 않는다면 전달 없는 통신의 가능성을 피하기 위해서 국소성이 필요하다. 따라서 진정한 무작위성이 존재하고 이것은 비국소적으로 나타난다는 점을 잊지 말아야 한다. 우리는 여러 장소에서 동시에 나타날 수 있는 무작위성의 개념, 즉 멀리 떨어진 두 지점에서 나타나는 두 결과들을 조직적으로 연관시켜주는 비국소 무작위성의 개념에 익숙해져야 한다. 또한 비

---

[*] Popescu, S., Rohrlich, D.: *Nonlocality as an axiom*, Found. Phys. **24**, 379 (1994).

국소 무작위성은 통신에 사용될 수는 없다는 점을 직관 속에 집어 넣어야 한다. 이것은 마치 앨리스와 밥이 특이한 전화에서 발생되는 잡음을 단지 들을 수만 있는 것과 같다. 그 잡음은 통신에 사용될 수는 없어도 벨 게임에서 이기게 해 준다.

CHAPTER 4

불가능한 양자 복제

통신 없는 비국소성의 존재는 몇몇 놀라운 결과들을 초래한다. 하나의 예로 양자복제quantum cloning의 문제를 들 수 있다. 우리의 게임에서 양자복제는 밥 상자의 복제품 제작에 해당된다. 7장과 8장에서 논의하겠지만, 이 비교적 간단한 예는 양자암호학 및 양자공간이동의 핵심과 직결된다. 이 문제는 생각해 볼 가치가 있다.

현 시대에 동물 복제는 흔한 일이 되었다. 인간 복제도 틀림없이 가능한 상황에 이르렀고 21세기가 끝나기 전에 이루어질 것이다. 인간 복제가 야기할 정당하고 감정적인 반응을 떠나서, 여기서는 양자세계에서 복제가 가능한지에 대해 논의하자. 다시 말해서 원자와 광자의 세계에 속하는 물리적 시스템을 복제하는 것이 가능한가? 물리학자들은 앨리스나 밥 상자의 완벽한 복제품을 만들어낼 수 있을까?

좀 더 엄밀하게 얘기해 보자. 모든 전자들은 동일하므로 전자를 복제한다는 것은 말이 안 된다. 책을 복사(복제)한다는 말은 책의 판형과 쪽수가 같은 책을 만들어낸다는 의미는 아니다. 복제품은 원본과 똑같은 내용과 그림들, 즉 똑같은 정보를 가지고 있어야 한다. 한 전자의 복제품은 그 전자와 똑같은 정보를 가지고 있어야 한다. 즉 속도의 평균치와 비결정도indeterminacy[*]가 같아야 하고, 다른 모든 물리량들에 대해서도 마찬가지이다. 단지 평균 위치만이 달라서 원본은 여기에 복제품은 저기에 있을 수 있어야 한다.

---

[*] 역사적인 이유로 물리학자들은 양자 불확정성에 대해서 자주 얘기한다. 그러나 이 (불)확정성은 물리적인 시스템보다는 관측자의 관점을 반영하는 성질이므로 우리는 여기서 양자 비결정성 (상자 8 참조)이란 단어를 쓰겠다.

이 장에서는 실제로 밥의 상자를 복제하는 것이 가능한지를 알아볼 것이다. 우리는 이미 이 상자의 핵심 부분이 얽힘이란 양자 특성을 갖는 결정이란 점을 알고 있다. 따라서 밥의 상자를 복제한다는 것은 상자의 양자적 실체들을 양자적 특성들과 함께 복제함을 뜻한다.

상자 8. 하이젠베르크의 불확정성 원리

하이젠베르크(Werner Heisenberg)는 양자물리학의 주 창시자 중의 한 사람이다. 그는 특히 불확정성 원리의 발견자로 잘 알려져 있다. 불확정성 원리에 따르면 어떤 입자의 위치를 정확히 측정하면 그 입자의 속도를 교란시키게 되고 반대로 속도를 정확히 측정하면 그 입자의 위치를 교란시킨다. 따라서 입자의 위치와 속도를 동시에 정확하게 알 수가 없다. 현대 양자물리는 이 원리를 토대로 해서 입자들은 정확히 결정된 위치와 속도를 동시에 갖지 못한다고 말한다. 따라서 우리는 이것을 비결정성(indeterminacy)이라고 부르겠다. 불확정성(uncertainty) 이란 단어는 하이젠베르크의 원리를 말할 때 쓰겠지만 어떤 물리량이 불확정되었다고 말하지는 않겠다. 대신 비결정되었다, 즉 결정되지 않았다고 말할 것이다. 마찬가지로 불확정성은 비결정성이라고 부르겠다.

양자복제는 불가능한 통신을 허용한다

양자시스템 복제의 불가능성은 나중에 논의할 양자암호와 양자공간이동과 같은 응용에서 중요한 역할을 한다. 불가능성을 증명하기 위해서 귀류법을 사용해 보겠다. 다시 말해서 먼저 양자시스템을 복제할 수 있다고 가정하고 그 가정이 불합리한 현상, 지금의 논의에서는 전달 없는 통신에 이르게 됨을 보일 것이다. 전달 없는 통신은 불가능하므로 양자 복제도 불가능하다는 결론에 도달하게 될 것이다.

밥이 자신의 상자를 복제하는 데 성공했다고 가정하자. 좀 더 정확하게 밥은 자기 상자의 핵심 부분인 결정을 복제했다고 가정한다. 상자의 나머지 부분들은 복사가 어렵지 않은 복잡한 메커니즘일 뿐이다. 밥은 이제 두 개의 상자를 가지고 있다. 하나는 왼쪽에, 다른 하나는 오른쪽에 가지고 있다고 생각하면 된다. 이 두 상자는 각각 밥이 왼쪽 또는 오른쪽으로 움직일 수 있는 조이스틱을 가지고 있고 조이스틱이 움직이면 1초 후에 결과를 만들어낸다. 만일 상자가 실제로 복제되었다면 두 상자의 결과는 각 상자가 벨 게임에서 이기도록 각각 앨리스 상자의 결과와 상관관계를 가질 것이다. 그런데 밥은 두 상자에 대해서 하나의 같은 방향을 선택하는 대신 동시에 서로 다른 두 방향을 선택할 수 있다. 즉 왼쪽 상자의 조이스틱은 왼쪽으로, 오른쪽 상자의 조이스틱은 오른쪽으로 움직일 수 있다. 그렇게 하면 밥이 그가 받은 두 결과로부터 멀리 떨어져 있는 앨리스가 취한 선택을 알아낼 수 있음을 아래에서 설명하겠다. (여기서 저자의 논리는 앨리스와 밥이 벨 게임에서 이겼다는 대전제 하에 전개된다. 다시 말해서 앨리스와 밥이 1점을 얻었다는 대전제 하에 만일 밥이 그의 상자를 복제했다고 가정하면 두 상자의 결과로부터 앨리스가 취한 선택을 알아낼 수 있다는 것을 아래에 보이고, 따라서 임의의 빠른 속도의 통신이 가능하다는 틀린 결론에 도달하게 되므로 상자를 복제했다는 가정이 틀리게 된다는 논리이다―옮긴이)

먼저 밥의 두 결과가 0, 0 또는 1, 1로 같은 경우를 생각하자. 이 경우에 앨리스는 아마도 $x = 0$을 선택했을 것이다. 만일 앨리스가 $x = 1$을 선택했다면 밥의 오른쪽 상자의 결과는 앨리스의 결과와 달랐을 것이고($(x, y) = (1, 1)$이면

$a \neq b$여야 1점을 얻기 때문) 왼쪽 상자의 결과는 앨리스의 결과와 같아야 했을 것이기 때문이다($(x, y) = (1, 0)$이면 $a = b$여야 1점을 얻기 때문). 반면에 밥의 두 결과가 다르다면 앨리스는 아마도 $x = 1$을 선택했을 것이다. 상자 9에 이 상황을 기초적인 이진법의 셈을 사용하여 요약하였다.

상자 9. 복제불가 정리

밥의 왼쪽 상자와 오른쪽 상자의 결과를 각각 b_{left}, b_{right}라고 하자. 벨 게임에서 이긴다는 것은 다음의 두 관계식

$$a + b_{\text{left}} = x \times y_{\text{left}}, \quad a + b_{\text{right}} = x \times y_{\text{right}}$$

이 자주 만족된다는 것을 의미한다. 두 식을 더하면 관계식

$$a + b_{\text{left}} + a + b_{\text{right}} = x \times y_{\text{left}} + x \times y_{\text{right}}$$

를 얻는다. 여기서 모든 기호들은 비트(0 또는 1)이고 덧셈은 모듈로 2 덧셈이므로 덧셈의 결과는 역시 비트이다. 따라서 $a + a = 0$이다. 여기서 지금 우리는 밥이 왼쪽 상자의 조이스틱을 왼쪽으로 움직이고 오른쪽 상자의 조이스틱은 오른쪽으로 움직이는 경우를 생각하고 있다. 즉 $y_{\text{left}} = 0$이고 $y_{\text{right}} = 1$이다. 따라서 우리는 $b_{\text{left}} + b_{\text{right}} = x$의 식을 얻는다. 그러므로 밥은 단지 그의 두 결과를 더해서 앨리스의 선택 x를 높은 확률로 맞게 추측할 수 있다.

따라서 밥이 그의 상자를 복제할 수 있다면 그는 앨리스의 선택을 높은 확률로 알아맞출 수 있다. 이것은 그가 앨리스와 아무리 멀리 떨어져 있더라도 성립한다. 따라서 임의의 빠른 속도로 전달 없는 통신이 가능하다는 말이 된다. 앨리스와 밥은 꼭 4점을 얻는 것이 아니라 3점보다 상당히 높은, 4점에 가까운

점수를 받는 것이므로 앨리스의 선택에 대한 밥의 추측은 틀릴 때도 있을 것이다. 그러나 그의 추측이 2번에 1번보다 훨씬 더 자주 맞는다면, 통신은 충분히 가능하다.* 이 통신은 약간 잡음이 섞여 있기 때문에 여러 번 반복할 필요가 있을 것이다(앨리스가 매번 같은 선택을 하면서). 그러면 밥은 앨리스의 선택을 거의 확실하게 추측할 수 있다. 사실 이런 일은 디지털 통신에서 항상 일어나는 일이다. 인터넷이나 다른 통신 프로토콜들은 보내고자 하는 메시지를 작은 부분들로 잘라서 보내는데, 작지만 에러가 나올 확률이 항상 존재하므로 그 에러의 확률이 무시할 만큼 작다고 여겨질 때까지 여러 번 되돌려 보낸다.

결론적으로 벨 게임에서 이길 수 있다는 것은 양자시스템이 복제 불가능하다는 것을 의미한다. 물리학자들은 이것을 복제불가 정리no-cloning theorem라고 부른다. 양자물리에서 매우 중요한 결과이다. 이 정리는 수학적으로 쉽게 증명될 수 있다. 또한 이 정리는 여기서 본 바와 같이 통신 없는 비국소성의 존재로부터 쉽게 추론된다. 다시 한번 우리는 통신 없는 비국소성의 개념이 중요함을 본다.

* 앨리스와 밥이 벨 게임에서 4번 중 3번보다 더 자주 이긴다면 밥이 두 번에 한 번보다는 더 자주 앨리스의 선택을 맞게 추측한다는 것을 증명할 수 있다.

DNA복제는 어떻게 가능한가?

양자시스템은 복제하지 못하는데 어떻게 동물의 복제는 가능한 것인가? DNA라고 불리는 생물학적 고분자도 양자시스템이 아닌가? 바로 이 질문을 가지고 노벨상 수상자인 물리학자 위그너Eugene Wigner가 최초로 양자복제의 문제를 제기했다.* 실제로 그는 생물학에서의 복제가 불가능하다고 결론을 지었는데 이것은 잘못이었다. DNA는 양자시스템이다. (적어도 그럴 가능성이 매우 높다. 실험적으로 증명되지는 않았지만 아니라고 생각하는 물리학자는 없다.) 그러나 DNA에 저장되어 있는 유전 정보는 양자물리가 허용하는 가능성 중 지극히 작은 부분만을 사용하여 부호화되었고, 이렇게 작은 양의 정보를 복제하지 못하게 막는 근본적 장애물은 존재하지 않는다.** 일반적으로 생물학에서의 양자물리학의 역할은 흥미로운 문제이고 지금도 연구되고 있는 과제이다.

---

* Wigner, E.P.: The probability of the existence of a self-reproducing unit. In: *The Logic of Personal Knowledge: Essays Presented to Michael Polanyi on his Seventieth Birthday*, Routledge and Kegan Paul (1961). Reprinted in Wigner, E.P.: *Symmetries and Reflections*, Indiana University Press (1967) and in *The Collected Works of Eugene Paul Wigner*, Springer-Verlag (1997), Part A, Vol. III.

** 이것은 정보가 전자의 위치에 암호화되어 있고 전자의 속도에 대해서는 고려할 필요가 없는 경우이다. 전자의 위치를 복제할 때 그 속도가 교란되지만 속도는 아무런 정보를 갖고 있지 않으므로 문제가 되지 않는다.

여담: 근사 복제

4장을 끝맺으면서, 지금의 논의에서 꼭 필요하진 않지만 과학적 사고를 즐기는 독자의 흥미를 끌 만한 몇 가지 이야기를 하려 한다.

양자이론은 근사 복제approximate cloning, 다시 말해서 하급 복제품은 허용한다. 전달 없는 통신이 불가능함을 보장하는 범위 내에서 제일 잘 된 복제가 양자이론에 의해서 허용되는 최상의 복제이다.* 이에 대한 증명은 생략하겠다.

복제불가 정리는 양자이론의 여러 문제들과 밀접히 연관되어 있다. 이미 언급한 대로 양자암호(7장)와 양자공간이동(8장)과 같은 응용에서 매우 중요한 역할을 한다. 또한 하이젠베르크의 유명한 불확정성 원리가 의미를 갖기 위해서도 필요하다(98쪽 상자 8 참조). 만일 양자시스템의 완전한 복제가 가능하다면 우리는 원래 시스템의 위치를 측정하고 복제한 시스템의 속도를 측정할 수 있을 것이다. 그러면 입자의 위치와 속도를 동시에 알 수 있는데 이것은 불확정성 원리에 위배된다.**

복제불가 정리는 또한 레이저 빛 발생에 기본이 되는 과정인 유도방출

---

* Gisin, N.: *Quantum cloning without signalling*, Physics Letters A **242**, 1-3 (1998).

** 사실은 이렇게 단순하지는 않다. 왜냐하면 원래 시스템의 위치 측정에 대한 통계와 복제한 시스템의 속도 측정에 대한 통계는 하이젠베르크의 불확정성 원리를 만족시키기 때문이다. 역사적으로 볼 때 하이젠베르크가 제시한 불확정성 관계는 모호하며 틀렸다고 보는 견해도 있다(M. Ozawa: Phys. Rev. A **67**, 042105 (2003) 참조). 좀 더 정밀하게 표현하는 한 가지 방법은 복제불가 정리와 이의 최적양자근사를 이용하는 방법이다. (C. Branciard: Proc. Natl. Acad. Sci. USA **110**, 6742-6747 (2013) 참조)

stimulated emission이 자발방출spontaneous emission 없이는 일어날 수 없다는 결과를 준다. 그렇지 않다면 유도방출을 이용해서 광자상태(예: 편광상태)를 완전하게 복제할 수 있을 것이다. 여기서도 역시 유도방출과 자발방출의 비율은 통신 없는 비국소성과 부합하는 최적의 복제 한계에 해당한다.* 모든 것이 잘 들어맞는다. 양자이론은 놀랍도록 일관성이 있고 멋진 이론이다. 유도방출과 자발방출의 비율을 처음 거론한 사람은 아인슈타인이었다. 그의 공식이 자신이 그렇게도 싫어했던 비국소성의 개념을 정확하게 따른다는 사실을 알면 깜짝 놀랄 것이다.

복제와 비국소성의 관계에 대한 마지막 한마디. 우리는 밥의 상자의 복제품을 한 개 만들 때 그 복제품의 질이 전달 없는 통신의 불가능성에 의해 제한을 받는 것을 알았다. 만일 벨 게임을 밥의 가능한 선택이 더 많은 게임(또는 부등식)으로 대체하면 어떻게 될까? 예를 들어 조이스틱을 n개의 서로 다른 방향으로 움직일 수 있다고 생각하자. 이 경우에는 전달 없는 통신의 불가능성이 n개의 밥 상자 복제품 제작에 한계를 주는데, 여기서도 최적 양자복제의 한계를 얻게 된다. 비국소성을 증명하기 위해서는 밥에게, 또한 앨리스에게 상자들보다 더 많은 수의 선택이 주어져서 그들이 실질적인 선택을 해야 한다. 그들이 모든 선택을 병렬적으로 해서는 안 된다.** 여기서 우리는 자유의지의 중요성, 좀 더 평범하게 표현하면 앨리스와 밥이 서로 독립적으로 자유로운 선

---

* Simon, C., Weihs, G., Zeilinger, A.: *Quantum cloning and signaling*, Acta Phys. Slov. **49**, 755-760 (1999).

** Terhal, B.M., Doherty, A.C., Schwab, D.: *Local hidden variable theories for quantum states*, Phys. Rev. Lett. **90**, 157903 (2003).

택을 할 수 있다는 사실의 중요성을 엿볼 수 있다. 독립적인 선택이 아니라면
비국소성도 없다.

CHAPTER 5

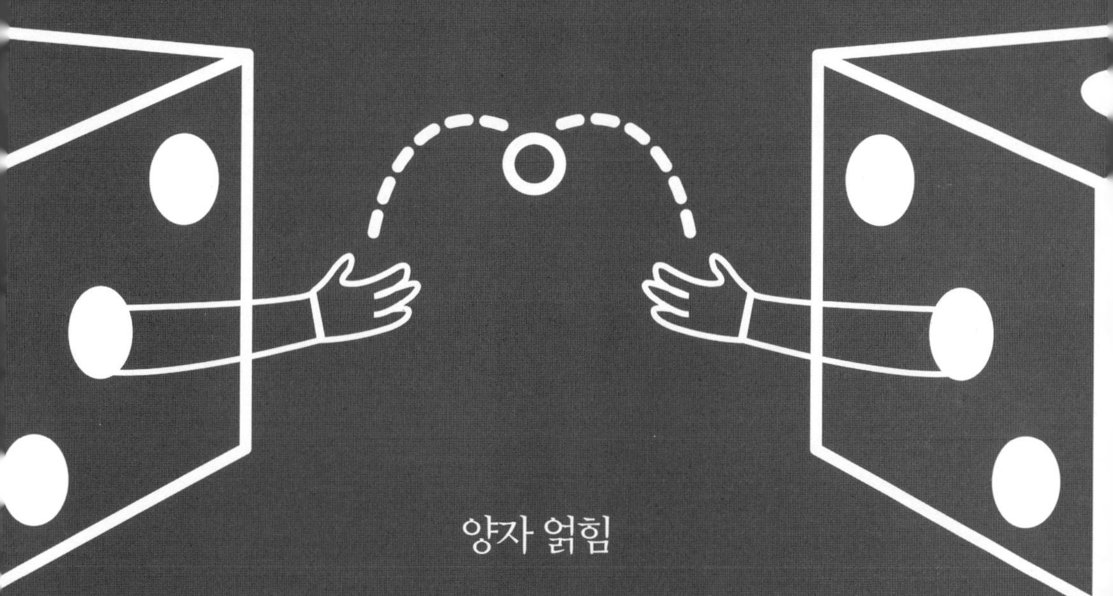

양자 얽힘

양자물리에 의하면 3점보다 높은 점수를 받아서 벨 게임에서 이길 수 있는 이유는 얽힘entanglement이 있기 때문이다. 얽힘이 단순히 양자물리의 여러 특성들 중 하나가 아니라 가장 중요한 특성임을 처음으로 간파한 사람은 양자물리의 창시자 중 한 명인 슈뢰딩거(Erwin Schrödinger)이다.[*]

얽힘은 양자역학이 가진 특성 중 하나가 아니라 가장 중요한 특성이다. 이 특성은 우리로 하여금 고전적 사고방식에서 완전히 벗어나게 만든다.

5장에서는 원자와 광자 세계에서 나타나는 이 놀랄 만한 특성에 대해서 논의하겠다.[**]

양자 전체론(quantum holism)

대략적으로 말해서 양자물리의 기묘한 이론은 멀리 떨어진 두 물체가 하나의 실체로서 행동하는 것이 가능할 뿐 아니라 흔하다고까지 얘기한다! 그것이 얽힘이다. 우리가 둘 중 하나를 쿡 찌르면 둘 다 움직인다. 우리가 쿡 찌를 때, 다시 말하면 양자 실체에 대한 측정을 수행할 때 이 물체는 반응을 보이는데, 이

---

[*] Schrödinger, E.: *Discussion of probability relations between separated systems*, Proceedings of the Cambridge Philosophical Society **31**, 55 (1935).

[**] 더 상세한 논의를 위해서는 Scarani, V.: Quantum Physics, A First Encounter , Oxford Univ. Press 2006을 참조하라.

반응은 일정한 범위의 가능한 결과들 중 하나가 완전히 우연으로 선택되어 나온다. 양자이론은 각각의 결과들이 측정될 확률을 정확하게 예측할 수 있다. 그러나 실제로 어떤 결과가 선택되는지는 우연이며, 따라서 얽혀 있는 실체가 단일체로서 반응한다는 사실을 이용해서 정보를 보낼 수는 없다. 수신자는 단지 잡음, 즉 순전히 우연적으로 뛰는 고동을 수신할 뿐이다. 다시 한번 우리는 진정한 무작위성의 중요성을 본다. 그러나 첫 번째 물체를 쿡 찌르지 않으면 두 번째 물체는 움직이지 않을 것이고, 따라서 첫 번째 물체를 쿡 찌르느냐 아니냐를 결정함으로써 정보를 보낼 수 있다고 생각할 수 있을 것이다. 그렇지만 문제는 두 번째 물체가 움직였는지 아닌지를 어떻게 아느냐는 것이다. 그것을 알기 위해서는 측정을 수행해야 하고, 측정은 그 물체를 움직이게 만들 것이다. 아무리 우리 직관에 어긋난다고 해도, 얽힘의 관계에 있는 두 물체가 단일체를 이룬다는 아이디어를 간단한 논리로 배제시킬 수는 없다.

이론적으로는 어떤 물체든지 얽힌 상태에 있을 수 있지만, 물리학자들이 실제 실험으로 보인 것은 원자, 광자 및 다른 기본 입자들의 얽힘이다. 지금까시 실험석으로 얽힘을 보인 가장 큰 물체는 벨 게임의 상자 안에 있는 핵심 부분과 같은 결정crystal이다. 얽힘 상태에 있는 물체가 어떤 것이든 상관없이 얽힘은 항상 같은 특성을 보인다. 우리는 전류의 근원이 되는 미세한 입자, 즉 전자를 대상으로 양자 세계의 이 신비로운 특성을 논의하겠다.

양자 비결정성(quantum indeterminacy)

먼저 예를 들어 보겠다. 전자는 그 위치가 비결정적인 상태에 있을 수 있다. 정확한 위치가 없고 마치 구름과 같다고 말할 수 있다. 물론 구름에 대해서도 평균 위치는 말할 수 있고(물리학자들은 질량 중심의 위치라고 말한다), 전자도 평균 위치는 가지고 있다. 그러나 구름과 전자 사이에는 매우 중요한 차이점이 있다. 전자는 물방울이나 다른 어떤 종류의 방울들로 구성되어 있지 않다. 전자는 쪼개질 수 없다. 그럼에도 위치가 없고 가능한 위치들의 구름만이 있을 뿐이다. 그런데도 우리가 굳이 그 위치를 측정한다면 전자는 내가 여기 있다! 라고 어김없이 답할 것이다. 그러나 이 답은 측정 중 순전히 우연pure chance에 의해서 나온 것이다. 전자는 정해진 위치가 없지만 측정을 당하면 미리 정해진 답이 없는 물음에 답을 할 수밖에 없다. 양자 무작위성은 진정한, 궁극적인 무작위성이다.

  엄밀하게는 이 비결정성은 중첩원리superposition principle라는 것으로 표현된다. 전자가 여기에 있거나 또는 여기에서 오른쪽으로 1m 떨어진 지점에 있을 수 있다면 이 전자는 여기와 여기에서 오른쪽으로 1m 떨어진 지점 의 중첩 상태에 있다. 즉 여기와 여기에서 오른쪽으로 1m의 두 지점에 있을 수 있다. 이 예에서 전자는 동시에 두 지점에 존재한다. 이 전자는 여기, 예를 들어 토머스 영의 이중슬릿 중 하나의 슬릿에서 일어나는 일을 감지하고 또한 여기에서 오른쪽으로 1m, 예를 들어 토머스 영의 이중슬릿의 다른 하나의 슬릿에서 일어나는 일도 감지한다. (토머스 영(Thomas Young, 1773~1829)은 빛(광자)이 서로 인접한 두 개의 슬릿을 동시에 통과하는 유명한 실험을 수행한 과학자이다. 이 실험은 후에 전자와 같은 입자로도 재현됐다.) 그러므로 이 전자는 여기와 여기에서 오른쪽으로 1m 떨어진 지점 두 곳에 모두 존재한다. 그러나 우리가 그 위치를 측정한다면 완전히 무작위하게 여기 의 결과를 얻든지 또는 여기에서 오른쪽으로 1m 의 결과를 얻는다.

양자 얽힘

우리는 방금 한 개의 전자의 위치가 정확히 정의되지 않을 수 있음을 알았다. 마찬가지로 두 개의 전자가 있을 때 개개 전자의 위치는 정확히 정의되지 않을 수 있다. 그러나 얽힘에 의해서 두 전자 간의 거리는 확실한 값을 가질 수 있다. 이 경우 우리가 두 전자의 위치를 측정한다면 그 결과로 나오는 두 위치 각각은 완전히 무작위하지만 그 차이는 항상 정확히 같을 것이다! 한 전자의 위치만 보면 완전히 우연적이지만, 두 전자가 자신의 평균 위치에서 벗어난 정도는 항상 같을 것이다. 한 전자가 자신의 평균 위치로부터 약간 오른쪽에 있는 것으로 측정된다면 다른 전자도 자신의 평균 위치로부터 약간 오른쪽에 있는 것으로 측정되고, 평균 위치로부터의 거리도 첫 번째 전자의 평균 위치로부터의 거리와 정확히 똑같을 것이다. 이것은 두 전자가 서로 아주 멀리 떨어져 있어도 마찬가지이다.

따라서 개개 전자의 위치는 정확히 정의되지 않았지만 한 전자의 다른 전자에 대한 상대 위치는 정확하게 정의된다. 일반적으로 얽힘의 관계에 있는 각각의 시스템은 비결정적인 상태에 있더라도 전체의 양자시스템은 확실히 결정된 상태에 있을 수 있다. 얽힌 상태에 있는 두 계에 대해서 측정을 수행하면 그 결과는 우연에 의해서 지배되지만 **똑같은** 우연에 의해서 지배된다. 양자 무작위성은 비국소적이다.

얽힘은 또한 얽혀 있는 각각의 시스템을 대상으로 같은 물리량을 측정할 때 같은 결과가 나오는 특성으로 정의할 수도 있다. 여러 시스템을 대상으로 동시에 중첩원리를 적용한다고 생각하면 된다. 예를 들어 두 전자의 경우 한 전자는 여기, 다른 전자는 저기 에 있을 수도 있고, 또는 한 전자는 여기에서 오른쪽으로 1m, 다른 전자는 저기에서 오른쪽으로 1m 에 있을 수 있다. 중첩원리에 의하면 이 두 전자는 한 전자는 여기, 다른 전자는 저기 의 상태와 한 전자는 여기에서 오른쪽으로 1m, 다른 전자는 저기에서 오른쪽으로 1m 의 상태가 중첩된 상태에 있을 수 있다. 이것이 얽힌 상태entangled state이다. 그러나 얽힘은 중첩원리보다 훨씬 더 많은 것을 포함하고 있다. 왜냐하면 비국소 상관관계를 물리에 도입한 것이 바로 얽힘이기 때문이다. 예를 들어 위의 얽힌 상태의 경우 각각의 전자는 미리 결정된 위치가 없지만, 만일 첫 번째 전자의 위치를 측정해서 여기 의 결과가 나온다면 두 번째 전자의 위치는 측정할 필요도 없이 즉각적으로 저기 로 결정된다.

어떻게 이것이 가능한가?

어떻게 두 전자에서 각각의 전자는 확실한 위치가 없는데 상대 위치는 확실하게 결정될 수 있을까? 우리가 일상에서 보는 물체들에서는 이런 일이 불가능하다. 양자물리가 전자들의 위치를 완전히 기술하지 못하니, 더 완전한 이론이 나와서 숨겨져 있지만 확실하게 정의된 위치를 제대로 기술할 수 있을 거라 기대하는 건 당연하다. 이것이 바로 국소 숨은 변수local hidden variable 이론이 제안된 배경이다. 이 이론에서는 각 전자가 다른 전자들과는 상관없이 독립적인 위치를 가지고 있고 따라서 이 이론은 국소적이다.

그러나 숨겨진 위치의 가정은 그 나름의 어려운 점이 있다. 실제로 전자의 위치 외에도 측정할 수 있는 다른 물리량들이 여럿 있다. 전자의 속도도 측정할 수 있는데 이것 또한 비결정적이다. 전자는 분명히 평균 속도를 가지고 있지만 측정의 결과로 나오는 속도값은 위치 측정에서 나오는 위치값과 마찬가지로 모든 가능한 값들의 범위 내에서 무작위하게 선택된 값이다. 여기서도 두 전자가 얽힌 관계에 있으면 각 전자의 속도는 확실하게 결정되지 않았지만 똑같은 속도를 가질 수는 있다. 그리고 이것은 두 전자가 매우 멀리 떨어져 있어도 마찬가지로 성립한다.

얽힘은 여기서 한 걸음 더 나간다. 두 전자는 각각 위치, 속도 모두 확실한 값이 없으면서도 두 위치의 차이와 두 속도의 차이는 확실한 값을 갖는 얽힌 상태에 있을 수 있다. 만일 숨겨진 위치가 있다면 숨겨진 속도도 존재할 것이다. 그러나 그것은 양자물리의 핵심이 되는 하이젠베르크의 불확정성 원리에 위배된다(98쪽 상자 8 참조). 하이젠베르크와 보어, 그리고 동료들은 국소 숨은 변수 이론, 즉 숨겨진 위치와 속도의 가정에 강력하게 반대했다. 반면에 슈뢰딩거, 드 브로이Louis de Broglie와 아인슈타인은 여러 장소에서 동시에 나타나는 진정한 의미의 무작위성을 인정해야 하는 얽힘의 가정보다는 숨은 변수의 가정이 더 자연스럽다고 생각해서 이를 옹호했다.

그 당시에는, 그리고 1935년부터 1964년 사이에는 아무도 벨이 제시했던 논리, 즉 우리가 2장에서 논의했던 것과 같은 논리를 찾아내지 못했다. 따라서 벨 게임에서 4번 중 3번보다 더 자주 이길 수 있는가의 질문에 대한 답을 찾아 논쟁을 종식시켜 줄 물리적 실험이 수행되지 못했다. 만일 국소 숨은 변수들이 존재한다면 벨 게임에서 이길 수는 없다. 국소 숨은 변수들(예: 쌍둥이의 유전자)은 앨리스나 밥의 위치에서 국소적 방법으로 두 상자의 결과들을 결정하는 프로그램의 역할을 할 것이다. 그러나 우리는 이미 결과들이 국소적으로 결정되면 앨리스와 밥이 벨 게임에서 4번 중 3번보다 더 자주 이길 수 없다는 것을 알고 있다.

실험적인 검증이 불가능했던 당시, 이 논쟁은 감정적으로까지 번졌다. 슈뢰딩거는 만일 얽힘의 아이디어가 사실이라면 이 문제에 그 자신이 공헌한 것을 후회한다고 썼다! 아인슈타인, 포돌스키, 로젠(EPR 역설*)이 쓴 1935년의 논문에 대응해서 쓴 글을 보면 알 수 있듯이 보어는 이 문제를 개인적으로 받아들여서 마지막까지 자신의 입장을 변호했다!

아인슈타인은 뉴턴 이후 수백 년이 지난 후에 등장해서 중력장의 국소 이론을 완성시켰으며, 위대한 과학자들 중에서도 가장 위대한 과학자이다. 일반 상대성이론이 나온 1915년 이전에는 중력이 비국소적으로 기술되었다. 다시 말해서 달에 있는 바위를 움직이면 지구에 있는 우리의 몸무게**는 즉각적으

---

* Rae, A.: *Quantum Physics. Illusion or Reality?*, Cambridge University Press (1986); Ortoli, S., Pharabod, J.P.: *Le cantique des quantiques*, La Découverte (1985); Gilder, L.: *The Age of Entanglement*, Alfred A. Knopf (2008).

** 체중계로 잰 몸무게를 의미한다. 우리의 질량은 변하지 않고 지구와 달이 끄는 힘만 변할 것이다.

로 영향을 받는 것으로 이해되었다. 원칙적으로 보면 전체 우주 공간에서 즉 각적인 통신이 가능하였다. 그러나 아인슈타인의 이론이 나온 후에는 중력도 1915년까지 알려진 다른 물리 현상들과 같이 공간의 한 점에서 다른 점으로 유한한 속도로 전파하는 현상으로 이해되었다. 따라서 아인슈타인의 상대성 이론에 의하면 달에 있는 바위를 움직이면 이에 대한 정보는 빛의 속도로 움 직이는 중력파에 의해서 지구와 우주의 다른 부분들에 전달된다. 달은 지구에 서 380,000km만큼 떨어져 있으므로 달의 바위가 움직인 약 1초 후에 지구인들 의 몸무게에 영향을 줄 것이다.

물리학을 국소적 학문으로 만든 장본인인 아인슈타인은 그 중요한 발견을 한 지 불과 10년 후에 또다시 비국소성의 문제에 부딪치게 되었다. 양자 비국 소성은 뉴턴역학에서의 중력 비국소성과는 아주 다르지만, 그의 개념적 체계 에 대한 위협 앞에서 그가 흔들리지 않고 가만히 있을 수는 없었다. 따라서 그 의 반응을 이해하기는 어렵지 않다. 그의 반응은 그런 상황하에서 매우 논리 적인 것이었다. 하이젠베르크의 불확정성 원리를 결정론과 국소성보다도 더 믿을 만한 이유가 무엇인가?

얽힘은 어떻게 벨 게임에서 이길 수 있게 해 주는가?

1920년대의 새로운 물리를 표방하는 양자 라는 용어는 원자가 가질 수 있는

바위는 달의 질량중심이 옮겨지도록 — 약간이겠지만 — 로켓을 사용해서 움직여야 할 것이다.

에너지값이 양자화되었다는 점에서 비롯된 말이다. 다시 말해서 임의의 에너지값을 다 가질 수 있는 것이 아니라 특수한 값들만을 가질 수 있다. 실제로 에너지 외에도 유한한 수의 값들만을 가질 수 있는 물리량들은 많이 있다. 그런 물리량들을 우리는 양자화되어 있다고 말한다. 간단하고도 흔한 경우가 단지 두 개의 가능한 값만이 존재하는 경우이다. 물리학자들의 용어로는 양자비트quantum bit 또는 큐비트qubit의 경우이다.

큐비트를 대상으로 수행한 여러 측정들은 그 방향으로 나타낼 수 있다. 광자 편광의 경우 이 방향은 편광기의 투과축의 방향과 직접 연관된다.* 그림 5.1에서 보는 바와 같이 측정 방향은 원상에서의 각도로 나타낼 수 있다. 이 방향들 중 한 방향으로 큐비트를 측정할 때 그 결과는 항상 그 방향과 평행한 것에 해당되는 0이거나 역평행한 것, 즉 평행과 반대 방향인 것에 해당되는 1이다. 측정 방향을 반대로 하면 결과는 0과 1이 바뀌어서 나온다. 왜냐하면 어떤 방향에서 0인 결과는 그 반대 방향에서 1인 결과와 같기 때문이다. 각 큐비트에 대해서 측정 방향을 선택할 수 있다는 점에 유의하자. 측정을 하면 큐비트를 교란시키므로 이미 측정을 한 큐비트를 다른 방향에서 다시 측정하면 안 된다. 반면에 우리는 같은 방법으로 여러 개의 큐비트들을 만들 수 있다. (물리학자들은 큐비트들이 모두 같은 상태에 있다고 말한다.) 그러면 다른 큐비트에 대해서 다른 방향을 선택할 수 있고 따라서 주어진 상태에 대한 통계자료를 모을

---

* 편광은 광자의 전기장의 방향에 의해서 결정된다. 광자가 편광되어 있으면 전기장의 진동이 공간의 정해진 방향에 국한되고 이 방향이 광자의 편광상태를 결정한다. 이 방향은 가능한 측정 방향과 두 배수 각도의 관계가 있는데 이와 관련된 얘기도 들어볼 만하다.

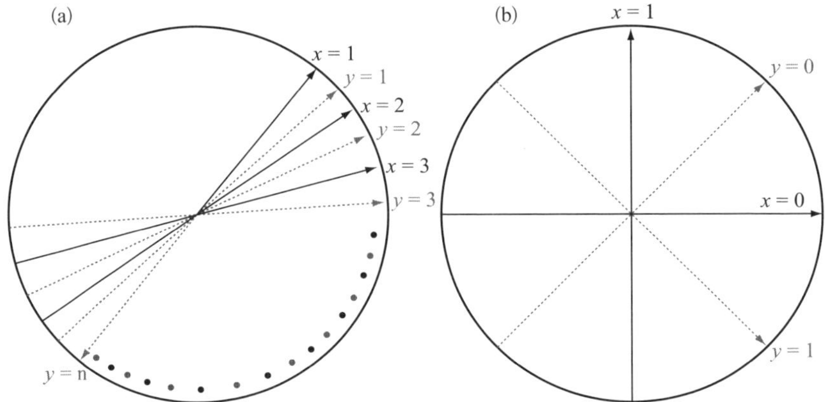

그림 5.1 양자비트 또는 큐비트는 여러 방향으로 측정될 수 있다. 만일 두 큐비트가 얽힌 관계에 있는데 서로 비슷한 방향으로 측정된다면 두 결과는 자주 일치할 것이고, 따라서 강한 상관관계를 가질 것이다. 예를 들어 (a)에서 $x = 1$과 $y = 1$의 측정 선택을 하면 강한 상관관계를 가질 것이고, $y = 1$과 $x = 2$의 선택, $x = 2$와 $y = 2$의 선택 등도 마찬가지일 것이다. 그렇다 하더라도 $x = 1$과 $y = n$의 선택은 서로 다른 두 결과를 주어야 한다. 벨 게임에서는 앨리스와 밥이 (b)에 표시한 측정 방향들을 선택한다.

수 있다.

어떤 큐비트에 대한 측정 결과가 0으로 나올 확률은 그 큐비트가 준비된 상태에 따라 다르다. 그러나 그 상태가 무엇이든지 간에 두 가까운 방향에서 측정한다면 0의 결과가 나올 확률은 비슷하다. 다시 말해 한 결과가 나올 확률은 측정 방향에 대한 연속함수이다.

두 개의 큐비트가 얽힌 관계에 있고* 그 두 큐비트를 상대로 같은 방향으

---

* 무한히 많은 수의 얽힌 상태가 존재하는데, 여기서는 물리학자들에게 Φ^+라고 알려진 상태를 대상으로 xz 평면에서 측정하는 경우를 생각하겠다.

로 측정한다면 항상 같은 결과, 즉 둘 다 0이거나 둘 다 1인 결과가 나온다. 왜 그럴까?이것이 바로 얽힘의 매력이다. 112쪽의 양자 얽힘을 제목으로 한 부분에서 논의했듯이 각 큐비트는 가능한 결과들의 구름으로 표현되지만 얽힌 관계에 있는 두 큐비트에 대한 측정 결과의 차이는 0이다. 따라서 만일 앨리스와 밥이 얽힌 관계에 있는 두 큐비트를 각각 하나씩 갖고 있고 앨리스가 그의 큐비트를 대상으로 어떤 방향 A로 측정하고 밥이 그의 큐비트를 대상으로 A와 가까운 방향 B로 측정한다면 두 측정 결과가 같을 확률은 1에 가깝다. 그림 5.1(a)에서와 같이 밥의 방향이 앨리스의 방향에 비해서 약간 오른쪽인 경우를 생각하자. 이번에는 앨리스가 두 번째 방향 $\tilde{A}$를 선택하는데 이 방향이 밥의 방향과 가깝고 약간 오른쪽이라고 생각하자. 이 두 방향은 서로 가깝고 따라서 같은 결과가 나올 확률은 역시 1에 가까울 것이다.

우리는 이런 방식으로 원의 한 점에서 그 근처의 점까지 계속해서 나아가서 밥의 마지막 방향이 앨리스의 첫 번째 방향과 반대가 되는 때에 도달할 수 있다. 그러나 서로 반대 방향인 경우엔 두 결과가 달라야 한다! 여기서 우리는 벨 게임의 기본이 되는 아이디어를 인식할 수 있다. 두 결과는 다른 결과가 나오는 드문 경우를 제외하면 거의 항상 같다. 벨 게임에서는 두 결과가 다르게 나오는 특별한 경우는 앨리스와 밥이 모두 조이스틱을 오른쪽으로 움직이는 경우에 해당된다. 얽힘 관계에 있는 두 큐비트에서는 이 특별한 경우가 앨리스는 첫 번째 방향, 밥은 마지막 방향을 선택하는 경우에 해당된다. 측정 방향의 개수에 따라 벨 부등식이 달라진다. 벨 게임에서는 그림 5.1(b)에서와 같이 앨리스와 밥이 각각 두 방향만을 사용하는데 이 경우에는 3.41의 점수를 얻을 수 있다. (앨리스가 그림 5.1(b)의 두 방향($x = 0$, $x = 1$)에서 선택하고 밥은 두 방향($y = $

0, $y = 1$)에서 선택할 때 그들이 벨 게임에서 얻을 수 있는 최대 점수가 $(2 + \sqrt{2})$가 된다는 것은 어렵지 않게 증명할 수 있다. $(2 + \sqrt{2} \cong 3.41)$ -옮긴이)

양자 비국소성

잠깐 멈추고 지금까지의 논의를 점검해 보자. 양자이론은 멀리 떨어진 두 곳에서 일어나는 두 현상 사이에서 한 현상이 다른 현상에 미치는 영향 또는 공통의 국소적 원인으로 설명될 수 없는 상관관계가 존재한다고 예측하며, 이것은 많은 실험들을 통해 확인되었다. 좀 더 정확히 얘기해 보자. 여기서 제외된 것은 공간의 한 점에서 다른 점으로 빛의 속도와 같은 속도로 연속적으로 전파하는 영향이다. (9장과 10장에서 이 결과는 임의의 유한한 속도, 빛의 속도보다 더 빠른 속도로도 연장될 수 있음을 볼 것이다. 속도가 무한히 빠르지만 않다면.) 마찬가지로 공간의 한 점에서 다른 점으로 연속적으로 전파해 나가는 공통의 원인도 제외되었다. 이런 유형의 설명에서는 모든 것이 국소적으로 일어나고 한 점에서 다른 점으로 움직여 나가므로, 이런 설명을 국소적 변수에 근거하는 설명이라고 말하고 국소 설명local explanation, 국소 변수local variable 등의 표준 용어들이 사용된다.*

여기서 주목할 점은 한 점에서 다른 점으로 연속적으로 전파하는 영향이

---

* 어떤 사람들은 국소 숨은 변수라고 부르는데, 여기서는 이 변수들이 숨은 변수이건 아니건 아무 상관이 없다.

나 공통의 원인에 근거한 설명을 배제하면 더 이상 가능한 국소적 설명이 없다는 점이다. 이것이 의미하는 바는 이 유명한 상관관계들이 어떻게 생겨났는지를 시간이 경과하면서 공간에서 일어나는 이야기의 형태로는 설명할 수 없다는 것이다. 간략히 말해서 이 비국소 상관관계들은 어떤 의미로는 시공간의 바깥에서 생겨난 것 같다!

그러나 여기서 우리는 결론을 너무 성급하게 내린 건 아닐까? 이 비국소 상관관계들이란 것은 무엇인가? 두 번째 질문이 덜 어려우니 이것부터 시작하자. 이 상관관계들은 국소적으로 설명할 수 없으므로 비국소적이라고 말한다. 즉 비국소는 단순히 국소적이 아니라는 의미이고 좀 더 현학적으로는 국소 변수로 기술할 수 없다는 의미이다. 비국소nonlocal 라는 수식어는 따라서 부정적이다. 이것은 이 상관관계들이 어떤지를 알려주지 않고 어떤 것일 수 없는지를 알려준다. 마치 어떤 물체가 빨간색이 아니라는 것과 같다. 이것은 이 물체가 실제로 무슨 색인지는 알려주지 않고 단지 빨간색이 아니라는 것만 알려준다.

비국소 가 부정적 수식어라는 사실이 내포한 중요한 특성 중 하나는 비국소 상관관계가 통신에 사용될 수 있음을 의미하는 것이 절대로 아니라는 점이다. 이것은 통신이 즉각적이든 빛보다 빠르거나 느린 속도의 통신이든 상관없이 사실이다. 비국소 양자 상관관계는 절대로 통신의 수단이 되지 못한다. 비국소 상관관계에 관련된 실험에서 우리가 통제할 수 있는 어떤 것도 빛보다 빠르게 움직이지 못한다. 전달이 없고 따라서 통신이 없지만 관측된 결과들은 국소적 모델로 설명될 수 없다. 즉 시공간에서 일어나는 이야기로 설명될 수 없다.

통신이 없다는 사실은 양자물리가 상대성이론과 직접적으로 모순이 되는 상황을 막아준다. 어떤 사람들은 이것을 평화스런 공존*이라고 말하는데, 이는 현대물리의 중추인 두 이론에 대한 표현으로는 약간 놀라운 표현이다. 그러나 이 두 이론은 서로 완전히 대립되는 토대 위에 세워졌다. 양자물리는 본질적으로 무작위적random인 데 반해서 상대성이론은 완전히 결정적deterministic이다. 양자물리는 국소 변수로는 기술될 수 없는 상관관계들의 존재를 예측하는 반면 상대성이론의 모든 것은 기본적으로 국소적이다.

양자 상관관계의 근원

마지막으로 양자물리에서 비국소 상관관계를 어떤 수학적 체계로 기술하는지 고려해 보자. 수학적 체계는 매우 잘 작동하므로 비국소 상관관계들이 어떻게 나타나게 되었는지 설명해 줄 수 있지 않을까?

수학적 체계에 의하면 이 기이한 상관관계들은 얽힘으로부터 유래하고 이것은 우리의 3차원 공간보다 훨씬 더 큰 공간에서 전파하는 일종의 파동으로 기술된다. 이 파동wave 이 전파하는 공간을 물리학자들은 구조공간configuration space이라고 알고 있는데, 이 공간의 차원은 얽힌 입자들의 수에 따라 결정된다. 실제로 이 공간의 차원은 얽힌 입자들의 수에 3을 곱한 수로 주어진다. 구

---

*   Shimony, A.: *In Foundations of Quantum Mechanics in the Light of New Technology*, ed. by S. Kamefuchi et al., Physical Society of Japan, Tokyo (1983).

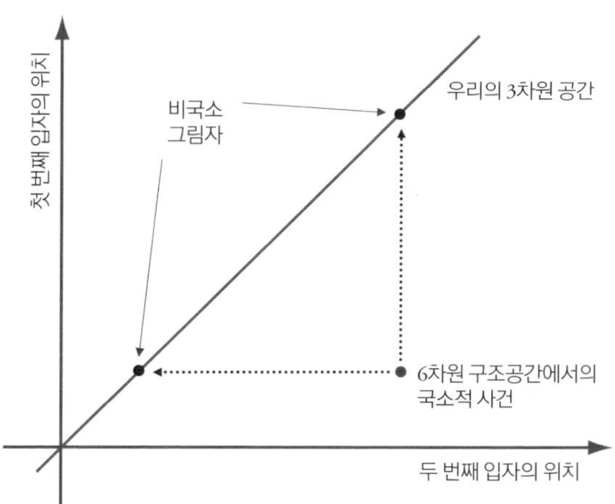

그림 5.2 양자이론은 높은 차원의 공간을 사용하여 입자들을 기술한다. 두 개의 입자는 단지 **직선**을 따라서만 움직이는 것이 허용되므로 공간은 종이의 면과 같은 2차원이 된다. 여기서는 그림의 한 점이 두 입자의 위치들을 대표한다. 그림의 대각선이 우리가 있는 보통 공간이 된다. 큰 공간에서의 사건은 우리의 보통 공간으로 두 그림자를 투영시키고 이 그림자들은 서로 멀리 떨어져 있을 수도 있다.

조공간에서의 한 점은 아무리 입자들이 멀리 떨어져 있다 하더라도 모든 입자들의 위치들을 나타낸다. 따라서 구조공간에서의 국소적 현상은 서로 멀리 떨어진 입자들이 관련된 현상일 수 있다. 그러나 우리 단순한 인간들은 구조공간을 볼 수 없고 단지 거기서 실제로 일어나는 일의 그림자만 볼 뿐이다. 각 입자는 우리의 3차원 공간에서 위치에 해당하는 그림자를 우리 공간으로 투영시킨다. 따라서 한 점의 그림자들은 구조공간에서는 동일한 한 점의 그림자들이지만 우리의 공간에서는 서로 멀리 떨어져 위치할 수 있다(그림 5.2 참조). 이것은 사실 (설명이라고 할 수 있다면) 기이한 설명이다. 어떤 의미로는 현실은 우리의 공간이 아닌 다른 공간에서 일어나고 우리가 인식하는 것은 단지 그림자이다. 이것은 수백 년 전에 진정한 실재$_{\text{true reality}}$를 이해하는 데 겪는 어려움을 설명하기 위해서 플라톤이 제시한 동굴의 비유와 유사하다.

비국소 양자 상관관계의 근원에 관한 이 설명 은 물리적이라기보다는 수학적인 듯하다. 사실 입자들의 수가 시간에 따라 변한다는 점을 생각하면 입자들의 수에 따라 결정되는 차원의 공간에서 진정한 현실이 일어난다는 것을 믿기는 어렵다. 요약하자면 양자이론의 수학적 체계는 설명을 제공해 주지는 못하고 단지 계산할 수 있는 방법만 제공해 준다. 어떤 물리학자들은 설명할 것이 없다는 결론을 내린다. 그들은 우리에게 입 다물고 계산해라 라고 충고한다.

CHAPTER 6

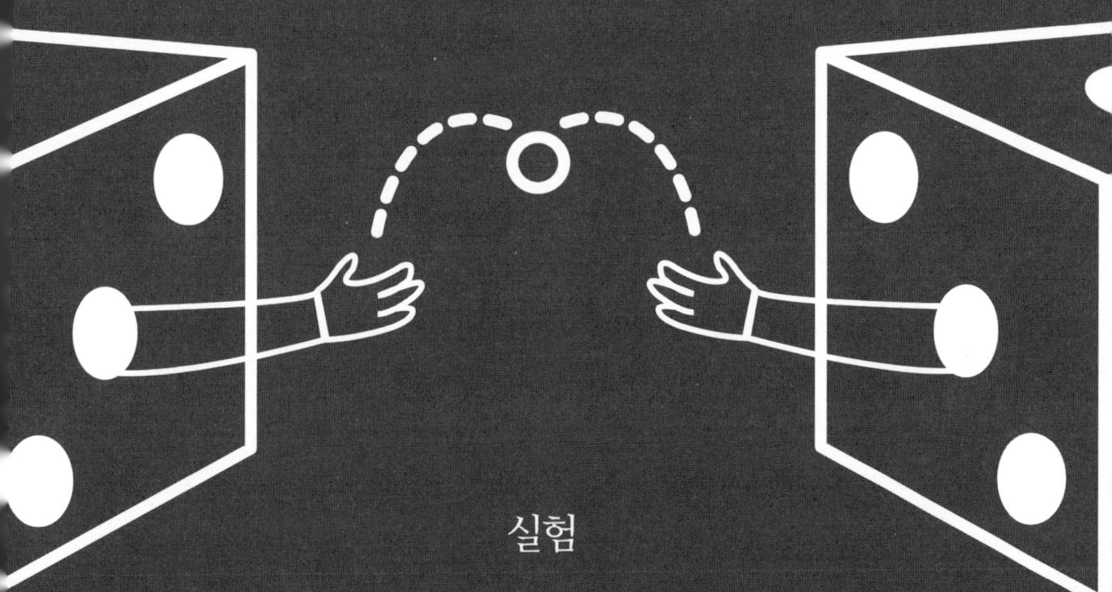

실험

6장에서는 우리가 1997년에 제네바에서 수행한 벨 실험을 소개하려 한다. 이 실험은 직선거리로 약 10km 떨어진 두 마을 베르네Bernex와 벨뷰Bellevue 사이에서 국영통신회사인 스위스컴의 광섬유 네트워크를 이용해 수행했다. 그림 6.1이 이 실험의 상황을 보여주는데, 이것은 실험실 밖에서 수행된 최초의 벨 실험이다.

광자쌍 만들기

이 실험에서 가장 핵심적인 요소인 얽힌 광자쌍의 생성부터 시작해 보자. 결정에서는 원자들이 매우 질서정연한 상태로 정렬되어 있다. (여기서 나오는 결정은 얽힘을 생성하는 역할을 하는데, 앨리스와 밥의 상자 안에 있는 결정은 다른 역할을 한다.) 각각의 원자는 전자구름에 둘러싸여 있다. 이 원자들에 빛을 비추어 들뜬 상태로 만들면 이 전자구름은 원자핵 주변에서 진동한다. 이 진동이 비대칭적이면, 즉 이 전자구름이 어느 한쪽으로 다른 쪽 방향보다 더 잘 움직이면 이런 결정을 소위 비선형결정이라 부른다. 이런 이름이 붙게 된 연유는 다음과 같다. 한 원자가 광자를 흡수하면서 전자구름이 들뜬 상태로 가고 진동을 시작했을 때, 이 진동이 대칭적으로 일어나면 흡수한 광자와 같은 광자를 완전히 임의의 방향으로 내보내면서 바닥상태로 떨어진다. 이런 현상이 바로 형광이다. 그런데 이때 만일 전자가 비대칭적으로 진동하면 전자구름은 처음 광자와는 다른 색의 광자를 내보내고 바닥상태로 간다.

광자의 색은 광자의 에너지에 비례한다. 에너지 보존은 기본 물리법칙 중

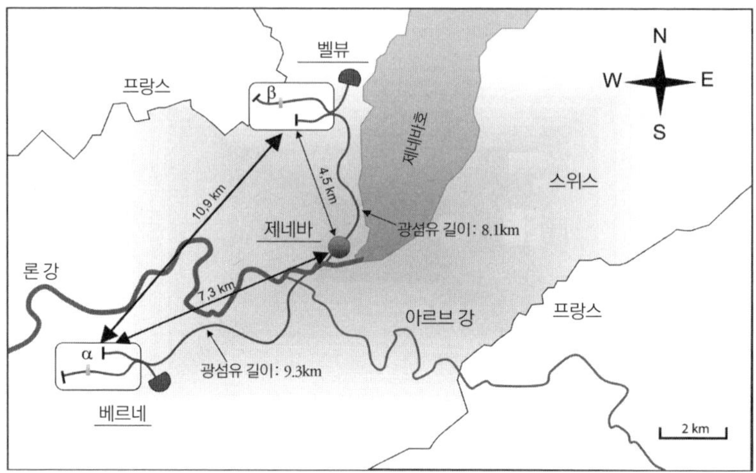

그림 6.1 직선거리로 10km가 넘는 베르네 마을과 벨뷰 마을 사이의 비국소적 상관관계 실험. 그 당시에는 우리가 한 실험이 실험실 밖에서 이루어진 최초의 벨 게임 실험이었다. 얽힌 상태의 전송에는 스위스컴사의 상업통신망의 광섬유를 사용했다.

하나이므로 위의 기술은 명백히 불완전하다. 그러나 적외선을 쪼였을 때 아름다운 녹색 빛을 내는 비선형결정이 분명 존재한다. 이것이 바로 지난 몇 년간 학회에서 점차 유행하고 있는 녹색 빛 레이저포인터의 작동원리이다. 높은 에너지를 가진 녹색 광자 하나를 만들기 위해 낮은 에너지를 가진 적외선 광자 두 개를 쓰는 것이다. 나오는 녹색 빛의 세기는 적외선 세기의 제곱에 비례하며* 그래서 비선형 이라는 이름이 붙은 것이다. 그러므로 비선형결정은 빛의

---

* 녹색 광자 하나를 만들려면 두 개의 적외선 광자가 우연히 동시에 결정 내의 한 장소에 나타나야 한다. 이런 사건이 발생할 확률은 적외선 세기의 제곱에 비례한다.

색을 바꿀 수 있다. 미시적으로 들여다보면 이런 과정에 낮은 에너지를 가진 광자 몇 개가 관여해야 한다.

자연 법칙은 가역적이다. 다시 말해 기초적인 물리현상 하나가 일어날 수 있으면 그 역방향 과정도 역시 가능하다는 것이다. 그러므로 녹색 광자를 비선형결정에 보내서 두 개의 적외선 광자를 만드는 과정이 가능해야 한다. 우리는 이 과정을 이용해서 광자쌍을 만들게 된다.*

얽힘 만들기

이제 이 광자들이 왜 얽혀 있는지 살펴보는 일이 남았다. 이를 이해하려면 광자 같은 양자 입자들은 일반적으로 위치나 속도 에너지 등의 물리량이 결정되어 있지 않다는 사실을 기억해야 한다. 예를 들면, 한 광자는 에너지를 가지고 있지만 이 에너지가 얼마인지는 결정되어 있지 않다. 평균적으로 얼마다라고

---

* 어떤 비선형결정을 쓰느냐에 따라 이 두 광자는 같은 평균색을 갖지 않을 수도 있다. 예를 들면, 하나는 밝은 계통의 적외선이어서 붉은 색을 포함하는 반면 다른 하나는 어두운 계통의 적외선이어서 눈에는 전혀 보이지 않을 수 있다. 이런 색의 차이 혹은 에너지의 차이는 각 광자의 에너지의 불확실한 정도보다 훨씬 더 클 수도 있는데, 그래도 어쨌든 우리는 둘 다 적외선으로 부르기로 한다. 이 차이 때문에 이 두 광자는 분리되어, 예를 들어 하나는 앨리스에게 나머지는 밥에게 보낼 수 있는 것이다. 이를 위해서는 광자들을 우리가 웹서핑을 하고 TV를 보고 또는 전화를 걸 때 사용하는 광섬유 안에 쏴 넣어야 한다. 실제 실험에서는 적외선 광자들이 광섬유의 특성에 맞게 변형된다. 이런 광자들은 통신용광자라고 부르는데, 통신에 사용되는 광섬유에서 가장 멀리 가는 색을 가진 것들이다.

할 수는 있지만 불확실한 정도가 꽤 클 수 있다. 이것은 우리가 광자의 에너지를 불확실하게 알아서가 아니라 스스로도 자신의 에너지가 얼마인지 모르는 광자 고유의 특성이다. 간단히 말해서, 광자는 정확한 에너지값을 가지지 않으며 어떤 에너지값이라도 가질 수 있는 가능성이 있다(마치 5장에서 설명한 전자의 위치처럼). 에너지를 매우 정밀하게 측정하면 여러 가지 가능한 값들 중 하나가 완전히 무작위적으로 나타난다. 벨 게임에서 이기기 위해서 필수적이었던 진정한 무작위성이 나타나기 위해서는 물리량들이 미리 정해진 값들을 가져서는 안 된다는 점을 이해해야 한다. 물리량들은 결정되어 있어서는 안 되며 오직 정밀하게 측정될 때만 정밀한 값을 가져야 한다. 어떤 정밀한 값이냐고? 그것은 양자 무작위성이 결정한다.

에너지처럼 광자의 나이도, 즉 원자에서 나온 후부터의 시간도 역시 확실치 않다. 그러므로 한 광자의 잠재적인 나이는 광자가 어떻게 생성됐느냐에 따라 몇 억 분의 일 초일 수도 있고 몇 초일 수도 있다. 하이젠베르크의 불확정성 원리(98쪽 상자 8 참조)를 광자에 적용하면, 광자의 나이가 잘 결정될수록 에너지가 더 불확실해진다. 또한 역으로 광자의 에너시가 잘 결정될수록 나이가 더 불확실해진다.

이제 우리의 비선형결정과 그 결정이 만드는 광자쌍으로 돌아가 보자. 결정에 에너지가 매우 정확한, 즉 에너지의 불확실성이 매우 작은 녹색 광자를 하나 쪼여줬다고 생각해 보자. 이 광자는 두 개의 적외선 광자로 변환되는데, 각각의 에너지는 불확실하지만 두 개 광자의 에너지의 합은 처음 녹색 광자의 에너지와 정확히 같다. 그러므로 개개의 에너지는 불확실해도 합은 매우 정확히 결정되어 있는 두 개의 적외선 광자를 가지게 된다.

그러므로 두 광자의 에너지는 연관되어 있다. 우리가 측정한 한 광자의 에너지가 평균을 넘었다면 다른 광자의 에너지는 평균보다 작아야만 한다. 여기서 놀라운 비국소성의 특성을 본다. 한 광자의 에너지는 처음에 정해져 있지 않지만 다른 광자의 에너지를 측정함으로써 결정될 수 있다.

그러나 이외에도 더 필요한 것이 있다. 벨 게임을 하기 위해서는 적어도 두 가지 이상의 측정방식을 고를 수 있어야 한다. 이 두 가지 측정방식은 조이스틱의 두 개 위치에 해당한다. 원래의 녹색 광자는 에너지값이 매우 정확했으므로 하이젠베르크의 불확정성 원리에 따라 나이가 불확실해야 한다. 그럼 적외선 광자쌍은 어떠한가? 에너지가 불확실하므로 나이는 비교적 정확히 결정될 수 있으며 실제로 녹색 광자보다는 훨씬 더 정확히 나이가 결정될 수 있다.

적외선 광자 둘 중 하나가 다른 것보다 더 오래된 것일 수 있을까? 만일 그렇다면 결정체 내에서 한 광자가 다른 광자보다 먼저 생성되었다는 뜻이므로 그런 일은 있을 수 없다. 만일 한 적외선 광자가 다른 광자보다 먼저 생성되었다면 에너지보존법칙이 잠시 동안 지켜지지 않았다는 뜻인데 그런 일은 있을 수 없다. 그러므로 두 개의 적외선 광자는 녹색 광자가 사라지는 순간에 동시에 생성되어야 한다. 이 두 개의 적외선 광자가 생성된 시간은 언제인가? 녹색 광자의 나이를 결정할 수 없는 것처럼 두 개의 적외선 광자가 생성된 시간도 결정해 줄 수가 없다.

요약하자면, 두 개의 적외선 광자들은 나이가 같지만 나이가 얼마인지는 결정되어 있지 않다. 한 광자의 나이를 측정하면 완전히 무작위적인 결과를 얻게 된다. 그러나 그 순간부터 두 번째 광자의 나이는 결정된다. 이것이 벨 게임에서 이기기 위해 우리에게 필요한 두 번째 양자적 상관관계이다.*

일단 광자쌍이 각자의 목적지인 앨리스와 밥의 상자에 다다른 후에는 메모리에 저장되는 것이 이상적인 과정이다. 이런 양자메모리는 아직도 실험실에서 개발 중이다. 현재는 효율도 별로 좋지 않고 저장시간도 몇 분의 일 초 정도이다. 그래서 앨리스와 밥은 광자가 도착하기 조금 전에 선택을 하도록 되어 있으며 광자가 상자에 도착하는 즉시 측정이 된다. 조이스틱의 위치에 따라 에너지나 나이(좀 더 물리적으로 표현하자면 시간) 중 하나가 측정된다. 마지막으로 각 상자는 측정의 결과를 표시한다. 이론상으로는 2장에서 설명한 것처럼 충분히 많은 광자를 저장해서 벨 게임을 수행할 수도 있으며 조만간 뒷받침할 기술도 개발될 것이다. 두 상자의 핵심인 결정들은 바로 수백 개의 얽힌 광자들을 저장할 양자메모리이다. 우리도 제네바에서 이런 형태의 양자메모리를 개발하고 있는데 아직은 저장시간과 효율 면에서 많은 개선이 필요하다.

* 하이젠베르크의 불확정성 원리를, 그리고 양자세계에서의 측정이 본질적으로 무작위한 결과를 준다는 사실을 받아들이면 광자의 에너지와 나이라는 두 물리량을 요구할 필요가 없다. 양자물리의 비국소성을 보이기 위해서는 하나면 충분하다. 그러나 만일 두 물리량이 없다면 아무도 진정한 무작위성을 믿으려 하지 않을 것이다. 왜냐하면 예를 들어 광자의 에너지는 완전히 결정되어 있지만 우리가 모를 뿐이라고 주장할 수 있기 때문이다. 우리가 완전한 무작위성의 존재와 하이젠베르크의 불확정성의 원리를 확신할 수 있는 것은, 벨 게임에서는 반드시 앨리스와 밥이 (적어도) 두 개의 선택을 할 수 있어야 한다는 사실 때문이다.

양자 비트의 얽힘

우리는 방금 에너지와 나이가 얽혀 있는 두 개의 적외선 광자들을 만드는 방법에 대해 알아보았다. 우리가 두 광자의 에너지나 나이를 측정하면 완전히 연관된 결과를 얻는다. 앨리스와 밥의 조이스틱에 해당하는 것은 상자가 광자의 에너지를 측정할지 나이를 측정할지를 결정하게 하는 일이다. 그런데 그냥 측정해서는 벨 게임을 수행할 수 없다. 이 게임에서는 상자들이 결과로 0 아니면 1을 주어야 하는데, 에너지나 나이 측정의 결과는 광범위한 수치(원리상 무한히 많은 수들)이기 때문이다. 그러므로 말하자면 얽힘을 디지털화해야 한다.

우선 비선형결정을 연속적으로 비추고 있는 레이저를 짧은 시간 동안 잠깐씩 비추는 것으로 바꾸어야 한다. 이 광펄스를 전문용어로 광분배기라 불리는 반투명거울에 비추어서 반으로 나누고, 그림 6.2처럼 그중 하나의 진로를 늦춘 다음에 둘을 다시 결합시킨다. 이 두 개의 반펄스가 결정에 쪼여진다. 이 결정은 우리가 광자쌍을 만들기 위해 사용하는 비선형결정이다. 언제 이 광자쌍이 생성될까? 레이저에서 나온 개개의 녹색 광자는 두 개로 갈라진 후 한 개의 진로가 늦춰진 채 같이 결정에 쪼여진다. 그러므로 각 녹색 광자는 두 개의 다른 시간에 비선형결정에서 두 개의 적외선 광자로 변환될 수 있다. 우리가 적외선 광자 한 개를 측정한다면 그 시간은 제시간이거나 늦춰진 시간 둘 중 하나일 것이다. 다른 적외선 광자도 동시에 발견되어야 한다. 즉 다른 광자의 나이도 같을 것이다. 이 측정에서 우리는 적외선 광자 나이를 둘 중 하나의 값으로 디지탈화된 결과를 얻는다. (여기서 녹색 광자는 제시간이거나 혹은 늦춰진 시간에 오는 것이 아니라, 언제나 제시간이며 또한 늦춰진 시간에 온다는 점을, 전문용

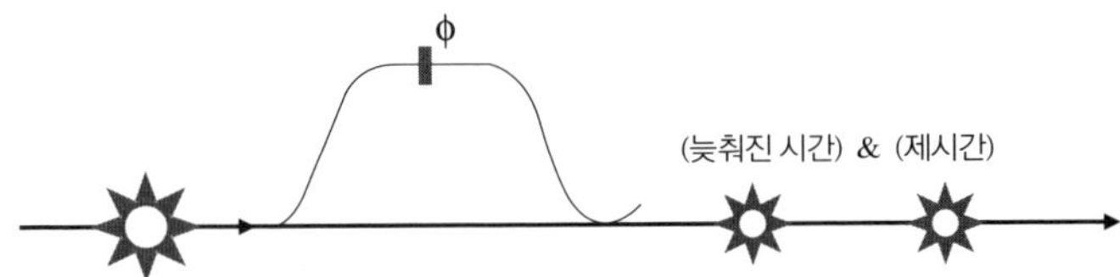

그림 6.2 시간분할 큐비트의 해설도. **왼쪽**에는 들어오는 광자가 있다. 이 광자는 그림의 바닥에 위치한 짧은 경로를 따르거나 위쪽의 긴 경로를 따라간다. 이 두 경로는 다시 결합된다. 그러므로 광자는 짧은 경로를 택했다면 제시간, 긴 경로를 택했다면 늦춰진 시간을 따르고 있다. 양자물리에 의하면 광자는 사실은 긴 경로와 짧은 경로 모두를 택할 수 있기 때문에 이 광자는 제시간과 늦춰진 시간 둘 다에 있다(전문용어로 중첩이라 한다).

어로는 이 두 가지 사건의 중첩에 있다는 사실을 이해하는 것이 매우 중요하다. 나이 기대치는 제시간과 늦춰진 시간에 두 개의 피크를 가진다. 한 개의 녹색 광자가 만드는 각각의 적외선 광자는 이런 의미에서 둘 다 제시간과 늦춰진 시간에 한꺼번에 존재하나 나이는 같아야 한다.)

벨 게임을 하기 위해 요구되는 두 번째 조건인 에너지 측정에는 간섭계가 필요하다. 에너지 측정도 물론 벨 게임을 할 수 있도록 디지털화할 수 있다.*

---

* 제시간에 오는 광자의 일부를 늦춰서 애초부터 늦춰진 광자와 일치시키기 위해 간섭계가 사용된다. 이런 식으로 밥에게 도착하는 적외선 광자 두 부분이 하나의 광섬유결합기, 즉 반투명거울에 들어간다. 광자는 간섭계에서 두 가지 방향 중 하나를 골라 나가게 되는데 두 방향 모두에 탐지기가 있다. 그러므로 여기서도 디지털화된 결과를 얻게 된다. 두 개의 간섭계에는 각각 위상변조기가 달려 있다. 이 부품은 특히 광섬유의 길이를 늘려서 제시간에 올 광자의 도착시간을 늦추는 역할을 한다. 연장되는 길이는 매우 짧아서 광자의 파장보다도 짧기 때문에 각 광자의 두 부분이 각 간섭계의 마지막 결합기에 동시에 도착한다는 사실을 바꾸지는 않는다. 이를 위해서는 예를 들어, 압전소자를 이용하여 광섬유의 길이를 약간 늘린다. 중요한 것은 두 광자가 두 개의 간섭계 중 하나에서 반드시 탐지된다는 사실이다. 한편 한 쌍의 적외선 광자들이 모두 위쪽 탐지

베르네-벨뷰 실험

우리가 제네바에서 위의 실험을 한 것은 1997년이다. 실험실 밖의 규모로는 첫 벨 게임 실험이었다. 나는 1980년 초 스위스에 광섬유 표준통신망을 까는 작업에 관여했기 때문에 이 광통신망에 대해 잘 알고 있었다. 제일 중요한 기술적 문제는 광섬유에서 멀리 진행할 수 있는 파장을 가진 광자를 하나하나 따로 검지하는 일이었다. 그 당시에는 그런 검지기는 존재하지도 않았다. 첫 측정에서는 다이오드를 액체질소에 담가 저온을 유지시켜서 검지기로 썼다. 또 다른 문제는 국영통신회사인 스위스컴의 광통신망에 접속하는 일이었다. 운 좋게도 나는 이 통신망에서 일한 경험이 있어 쉽게 연결할 수 있었다.

얽힘을 만드는 데 사용한 결정과 나머지 장비들은 코르나뱅Cornavin 기차역 근처 통신센터로 옮겨져 조립되었다. 거기서 광섬유 한 선은 제네바의 북쪽에 위치한 벨뷰 마을로, 그리고 다른 한 선은 벨뷰 마을에서 남쪽으로 10km 떨어진 베르네 마을로 연결되었다. 두 마을의 작은 통신센터에서 우리는 액체질소에 담근 광검지기와 간섭계를 조립할 수 있었다. 이들 센터에 열쇠로 문을 열고 들어가면 인터폰으로 경비센터에 일 분 안에 암호를 말해야 했다. 그

기에 의해 탐지될 확률, 그러므로 $a = 0 = b$일 확률은 우리가 앨리스와 밥의 장소에서 광섬유의 길이를 어떻게 늘리느냐에 달려 있다. 즉 전문용어로 표현하자면 위상의 합에 따라 결정된다. 그러므로 앨리스와 밥의 결과의 상관관계는 앨리스와 밥의 측면에서의 길이 연장에 달려 있다. 형식적으로는 이런 시간 분할에 의한 얽힘은 편광얽힘에 해당한다. (W. Tittel, G. Weihs: Quantum Information and Computation **1**, 3-56 (2001).) 이런 방식은 광섬유에 적합할 뿐 아니라 시간분할을 여러 개 해서 두 개 이상의 결과를 볼 때도 유용하다.

러고 나면 다른 지역에서 들어오는 광섬유가 있는 지하 4층으로 내려가야 했다. 거기서는 휴대폰이 터지지 않기 때문에 동선이 얼마나 복잡했을지 독자들은 상상할 수 있을 것이다!

그리고 실험이 시작되었다. 우리는 벨 게임에서 이길 수 있다고 확신하고 있었지만 세 가지 예상치 못한 일이 벌어졌다. 첫째는 해가 뜰 때 남쪽으로 향하는 광섬유의 광경로가 다른 쪽에 비해 훨씬 길어진다는 사실이었다. 그렇지만 실제 광섬유의 길이는 거의 그대로였다. 가장 그럴듯한 설명은 이 광섬유가 다리를 건너며 또한 다른 쪽에 비해 얕게 묻혀 온도차를 심하게 겪는다는 사실이었다. 이것은 동기화에 큰 문제를 일으켰는데, 며칠간의 밤샘 작업 끝에 해결됐다. 두 번째 것은 기분 좋은 사건이었는데, 존 벨의 미망인인 메리 벨 여사가 우리가 어떻게 하고 있는지 보러 온 것이었다. 마지막 것은 실험결과를 발표*한 후 우리 실험이 뉴욕타임스에 대대적으로 보도되고, BBC에서 우리 실험을 촬영하러 왔으며, 미국물리학회가 선정한 1990년의 빛나는 실험 중의 하나로 뽑히는 등 놀라운 대접을 받았다는 것이다.

---

* Tittel, W., Brendel, J., Zbinden, H., Gisin, N. : *Violation of Bell inequalities by photons more than 10 km apart*, Phys. Rev. Lett. **81**, 3563 (1998).

CHAPTER 7

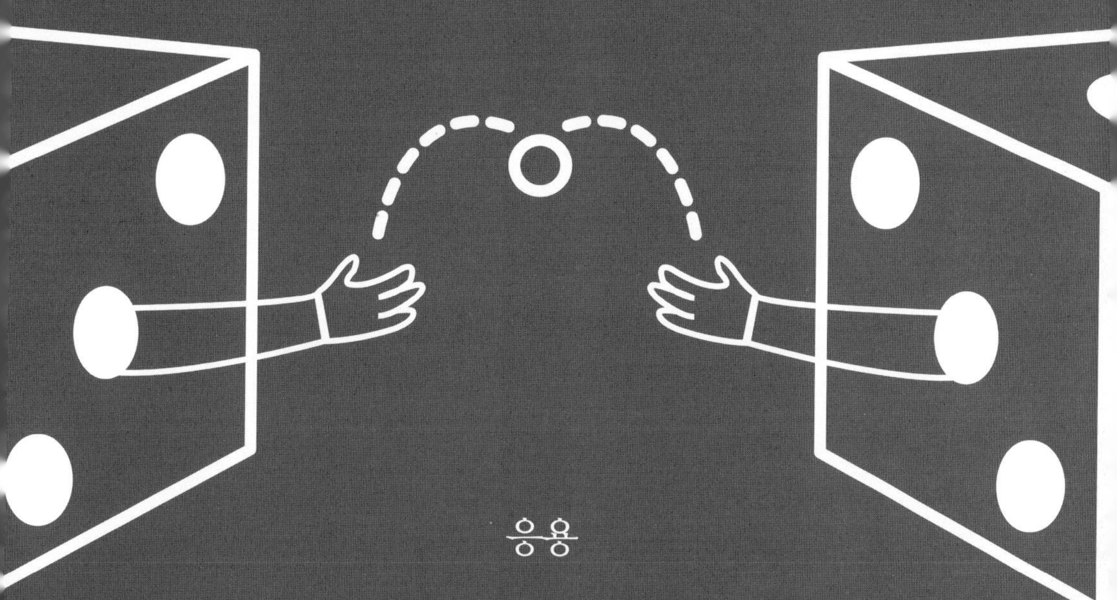

물리법칙은 일상생활에 그와 연관된 결과를 낳기 마련이다. 맥스웰이 19세기에 발견한 전자기법칙은 20세기 전자공학의 발전을 이끌었다. 이와 유사하게, 20세기에 발견된 양자역학이 21세기의 기술발전을 주도할 것이라 예상하지 않을 수 없다. 예를 들어 양자물리는 이미 우리에게 DVD를 읽는 데 사용되는 레이저와 컴퓨터에서 매우 중요한 반도체를 선사했다. 그러나 이런 최초의 응용은 양자입자들의 집단적 성질만을 이용한 것이다. 즉 레이저에서는 광자집단, 그리고 반도체에서는 전자집단의 성질만을 이용했다. 그러면 비국소적 양자상관관계는 어떻게 응용되는가? 앨리스와 밥이 하나씩 갖고 있는 양자입자 쌍이 이런 응용에 속한다. 그러므로 이 입자들은 집단이 아니라 한 개씩 개별적으로 다루어져야 하는데, 그건 정말 대단한 도전거리이다. 그러나 물리학자들은 뒷짐 지고 서서 구경하는 종류의 인간이 아니다. 7장에서는 이미 상용화되어 있는 두 가지 응용 예를 소개한다. 앞으로는 이밖에도 수많은 놀라운 응용이 우리 눈앞에 펼쳐질 것이다.

양자 무작위성을 이용한 난수발생기

첫 번째 응용은 매우 간단하다. 우리는 비국소적 상관관계가 앨리스가 얻는 결과가 진정으로 무작위할 때만 가능하다는 것을 살펴보았다. 그런데 무작위성이 우리에게 어떤 도움을 줄 수 있을까? 우리의 정보사회에서 이보다 더 유용한 것은 없다고 할 수 있다. 우리는 모두 신용카드와 수없이 많은 비밀번호를 가지고 있다. 우리의 신용카드는 PIN번호라는 것을 가지고 있는데 이 번호는 비밀이어야 하기 때문에 무작위로 선택된다. 그러나 무작위를 생성하는 것은 쉽지 않은 일이다. 이전에 우리는 수치 시뮬레이션에서 난수의 중요성을 논했다. 최근에 매우 빨리 발전하고 있는 또 하나의 예는 온라인 인터넷 도박이다. 여기서도 내가 고른 가상의 카드나 로또번호가 정말로 무작위한 선택의 결과라는 확신이 있어야 한다. 그렇지 않다면, 전자카지노가 속이고 있거나 혹은 카지노가 모조 난수를 사용하고 있다면 누군가 똑똑한 사기꾼이 숫자의 열을 파악해서 카지노를 망하게 할 위험이 있다. 그러므로 양자물리의 제일 유망한 응용은 자연에서 유일하게 진정으로 무작위한 양자적 무작위성을 십분 발휘한 난수발생기의 개발이다.

실험실에서 구현된 것을 제품화하려면 경제성이 있도록 간단하게 변형해야 하는데, 그러려면 관련된 물리를 충분히 잘 알아야 한다. 응용물리에서 하는 일이란 바로 이런 것이다. 빛의 속도로도 서로에게 영향을 미칠 수 없는 소위 공간적 간격으로 떨어져 있으면서도 벨 게임에서 이기는 앨리스와 밥의 시나리오는 상업적으로 응용하기에는 너무 복잡하다. 앨리스만 놓고 보면 기본적으로 그녀가 보는 것은 반투명 거울을 지나서 두 개의 광자 탐지기에 도달하는 광자들이다. 여기에 얽힘이 있으며 밥 측에서도 벨 게임에서 이기기 위해 똑같이 하고 있다는 사실이 앨리스의 결과가 정말로 진정한 무작위성에 의한 것이라는 것을 확신시켜주기는 하지만 실험 말미에 앨리스 측에서 필요한 것은 앨리스의 결과뿐이다. 밥이 가상적으로 존재할 것이라는 가능성만으로 충분하며 실제 응용에서는 밥은 없어도 된다. 그리고 일단 이 단계에 이르면 얽힘이 필요치 않다. 앨리스의 광자가 원칙적으로 얽힐 수 있다는 것을 아는 것만으로 충분하며 실제로는 얽힐 필요도 없다. 마지막으로 단일 광자 대신

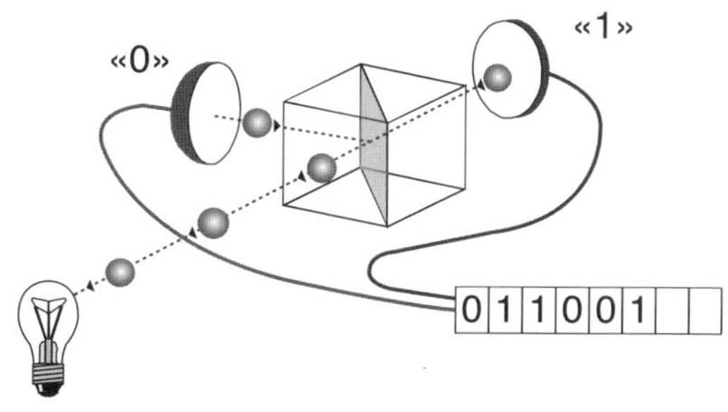

그림 7.1 양자 난수발생기. 기본원리는 도식에 나와 있다. 광자 하나가 반투명 거울을 지나 두 개 중 하나의 탐지기에 도달한다. 각 탐지기는 이진수, 즉 비트에 결부된다. 위의 사진은 제네바의 ID Quantique사가 만든 최초의 상용화된 생성기로, 크기가 3×4cm이다.

한 번에 광자가 하나만 나올 정도로 매우 약한 레이저를 써도 된다. 이것이 상업적으로 구매 가능한 양자 난수발생기의 기본 구조이다.

그림 7.1은 제네바 회사 ID Quantique SA*가 만든 상용제품 양자난수발생기이다. 얼핏 너무 단순해 보여서 비국소적인 상관관계는 도대체 어떻게 된

* www.idquantique.com

거냐고 묻고 싶어진다. 이 제조기는 그걸 직접 사용하지는 않지만, 비국소적 상관관계를 만들어내는 데 쓰였던 것과 같은 종류의 광자와 광분배기 그리고 탐지기들이 사용됐다는 사실이 결과가 진정 순수하게 우연적으로만 나온다는 걸 보장한다.

몇몇 독자들은 우리가 같은 종류의 광분배기와 탐지기를 사용한다는 사실에 의심을 품을 것이다. 올바른 지적이다. 이 발생기를 제품화할 만큼 간단히 하기 위해서 우리는 사용되는 소자들이 믿을 만하다는 가정을 세워야 했다. 이런 가정은 상식적인 것이며 테스트하기도 쉽다. 이렇게 가정 같은 것 없이 우아하게 갈 수 있는 방법이 없는 것은 아니지만, 그러려면 위에서 언급한 단순화를 모두 포기하고 벨 게임의 상황에 매우 근접하게 되돌아가야만 한다. 이미 수행된 적이 있는 실험이지만, 이런 실험은 실험실에서나 가능한 경우이다.*

양자암호통신 : 기본 원리

두 번째 응용은 양자암호통신이다. 우리는 두 물체가 얽혀 있으면 같은 측정을 했을 때 둘이 언제나 같은 결과를 준다는 것을 살펴보았다. 언뜻 보기에는

---

* Pironio, S., et al.: *Random numbers certified by Bell's theorem*, Nature **464**, 1021-1024 (2010); B. G. Christensen, K.T. McCusker, J. B. Altepeter, B. Calkins, T. Gerrits, A.E. Lita, A. Miller, L.K. Shalm, Y. Zhang, S.W. Nam, N. Brunner, C.C.W. Lim, N. Gisin, P.G. Kwiat: *Detection-loophole-free test of quantum nonlocality, and applications*, Phys. Rev. Lett. **111**, 130406 (2013).

이런 게 별로 유용할 것 같지 않다. 매번 다른 결과가 나온다면 더욱 그렇게 보일 것이다. 그러나 암호전문가들에게는 매우 흥미로운 현상이다. 사실 우리 정보사회가 소통하는 정보의 양은 어마어마하며 그중 대다수의 정보가 비밀로 취급되어야 한다. 이를 위해서 정보가 수신자에게 전달되기 전에 암호화된다. 이게 무슨 말인가 하면, 제삼자의 눈에는 암호화된 정보가 아무런 의미나 구조도 없는 그저 긴 소음으로 보인다는 것이다. 그러나 오래 사용하려면 주기적으로 혹은 메시지를 보낼 때마다 암호를 바꿔 주는 게 가장 이상적인데, 이때 암호 키를 서로 어떻게 교환할 것인지가 문제가 된다. 암호 키는 보내는 사람과 받는 사람 둘 다 알아야 하지만 제삼자는 몰라야 한다. 무장한 택시부대가 전 세계를 돌면서 이런 암호 키를 소비자에게 전달할 수도 있겠지만 이보다 더 쉬운 방법이 있을 것이다.

오늘 날에도 정부나 대기업은 실제로 고도의 기밀이 필요한 통신을 할 때 서류가방을 자기 손목에 수갑으로 연결한 스파이 같은 사람들을 상대방에게 보내서 암호 키를 전달한다. 우리 같은 일반인들은 수학의 복잡성 이론에 근거한 보안시스템을 가진 보통의 인터넷 쇼핑몰 정도면 충분히 행복하다. 이것이 소위 공개 키 암호방식이다. 이는 컴퓨터가 두 소수의 곱과 같은 수학적 연산은 쉽게 하지만 그 역연산은 하기 어렵다는 원리에 기초한다. 이 경우 우리는 주어진 수를 소인수분해해서 두 개의 소수를 찾아내야 하는데, 이는 아주 오래 걸리는 일이며 컴퓨터가 수행하기에도 쉬운 작업은 아니다.

여기서 세세한 내용은 중요치 않다. 중요한 것은 여기서 어렵다는 것이 뭘 의미하는지 이해하는 일이다. 학생에게 있어 어렵다는 것은 그 반에서 제일 똑똑한 학생도 풀기 힘들다는 것을 뜻한다. 공개 키 암호에서도 의미는 똑같은데, 다만 한 반의 학생들을 대상으로 하는 것이 아니라 전 세계의 가장 훌륭한 수학자들을 매우 편안한 방에 모두 모아 놓고, 문제를 풀면 호화로운 상을 주겠다고 약속한다는 점이 다를 뿐이다. 아무도 답을 못 찾으면 그 문제가 진짜 어렵다는 의미일 것이다. 그러나 어렵다는 것이 불가능을 의미하지는 않는다. 수학의 역사에는 전 세계에서 가장 훌륭한 수학자들이 수년 혹은 수세기 동안 쩔쩔맨 문제를 어느 날 한 천재가 해결해 해답을 들고 혜성같이 나타난 예가 수도 없이 많다.

수학이란 한번 해답을 찾으면 반복하고 이용하기가 아주 쉬운 법이다. 그러므로 어느 날, 예를 들어 내일, 어떤 천재가 소인수분해를 쉽게 하는 방법을 찾아내면 우리 사회의 전자화폐는 즉시 그 가치를 잃게 된다. 신용카드, 온라인거래, 은행 간 대출 등이 모두 사라진다. 이건 중대한 참사가 아닐 수 없다. 더구나 어떤 조직이 공개 키 방식으로 암호화된 통신을 기록해 오고 있었다면, 이런 기록도 다 해독되어 수년 전 혹은 수십 년 전의 비밀 통신 기록이 읽혀질 것이다. 그러므로 앞으로도 수십 년간 당신의 기록이 비밀로 유지되기를 원한다면 지금 당장 공개 키 암호방식을 그만 두는 것이 좋다.

앨리스와 밥 두 사람이 같지만 순전히 무작위로 나타나는 결과를 얻는다는 사실은 이러한 이유 때문에 중요하다. 앨리스와 밥이 얽힘을 공유하면 언제나 암호 키로 사용할 숫자를 만들어낼 수 있다. 그리고 복제불가 정리 덕분에 다른 사람은 그 열쇠의 복사본이 없다는 걸 확신할 수 있다. 적어도 이론상으로는 이렇게나 간단하다.

양자암호통신의 구현

어떻게 하면 벨 게임의 장치를 간단히 해서 위의 아이디어를 구현할 수 있을까? 다시 한번 우리는 단순화된, 그러나 지나치게 단순하지 않은 양자암호통신을 구현하려면 근저에 깔린 물리를 이해하는 것이 중요함을 깨닫게 될 것이다.

1단계 단순화.

벨 게임의 실험적 구현에는 앨리스, 밥, 그리고 얽힌 광자들을 만들어내는 결정이라는 세 부분이 있었다. 대칭적으로 만들기 위해 결정은 보통 중간에 위치한다. 그러나 실제로 이렇게 하면 불편하므로 앨리스 옆에 두기로 하자. 이렇게 함으로써 두 부분만 남게 되었지만, 앨리스와 밥을 소통하지 못하게 했던 상대론의 벽은 이제 더 이상 없다. 그러나 암호통신에서는 두 사람이 이런 식으로 기밀성을 깨는 소통행위는 하지 않는다는 것이 전제되어 있으므로 문제 없다.

2단계 단순화.

이제 얽힘 광자 생성기는 앨리스에게 있으므로 앨리스는 자신에게 배달된 큐비트를 밥보다 훨씬 일찍 읽게 된다. 사실 앨리스는 밥에게 갈 광자가 떠나기도 전에 읽게 되어 있다. 그러므로 광자쌍을 생성해서 그중 하나를 즉시 읽어 치우느니(그래서 파괴하느니) 앨리스는 한 번에 하나씩 광자를 만드는 생성기를 사용하는 편이 더 간단하다.

3단계 단순화.

광자를 한 번에 한 개씩 만드는 일도 간단한 일은 아니다. 그보다는 매우 약한 레이저 펄스 생성기를 사용하는 편이 더 간단하다. 이 레이저는 너무나 약해서 한 펄스에 여러 개의 광자가 들어가는 일은 거의 일어나지 않는다. 그리고 이런 레이저는 사실 매우 테스트가 잘 되기 때문에 믿을 만한 것들을 저렴하게 구입할 수 있다. 남아 있는 유일한 문제는 가끔씩 여러 개의 광자가 포함될 때 어떻게 할 것인가 하는 것이다. 실제로는 이런 경우가 얼마나 자주 나타나는지 정확한 데이터가 필요할 뿐이다. 스파이는 이 여러 광자 펄스에 대해 완전히 알고 있다고 가정한다. 보통 몇 백만 개 정도 되는 펄스를 주고받은 후, 앨리스와 밥은 최악의 경우에 자신들의 적이 그들의 결과에 대해 얼마나 알고 있을지를 계산한다. 그리곤 표준화된 프라이버시 강화 알고리즘*을 수행한다. 이걸 돌리면 주고받은 비트들 중 일부를 버려야 하지만 그 대가로 적이 가진 정보를 원하는 만큼 줄일 수 있다. 새로운 키가 좀 짧아지기는 하지만 그 대신 완전히 안전하다는 확신을 얻게 된다.**

말한 대로 모든 것이 준비되면 오직 상자 두 개만 있을 뿐이다. 한쪽에서는

---

* 직관적으로 말하자면 이 알고리즘은 아래와 같이 작동한다. b_1과 b_2 두 비트가 있고 한 비트의 값을 3/4의 확률로 맞게 추측할 수 있는 적이 있다고 하자. 이 두 비트를 합 $b : b_1 + b_2$(합이 언제나 한 비트가 되도록 모듈로 2로)으로 교체한다. 적은 두 비트의 값을 다 정확히 맞췄거나 틀렸을 때만 b의 값을 제대로 맞출 수 있다. 다시 말해서 적이 b의 값을 정확히 맞출 확률은

$$\left(\frac{3}{4}\right)^2 + \left(\frac{1}{4}\right)^2 = \frac{5}{8}$$

이므로 3/4보다 작아진다. 그러므로 앨리스와 밥은 비트 하나를 버리는 대가로 기밀성을 증가시키게 된다. 더 현학적인 알고리즘들은 더 적은 비트를 버리면서도 기밀성을 더 잘 증가시킨다.

6장에서 설명한 편광암호나 혹은 시간분할 암호화된 양자정보를 전달할 매우 약한 세기의 레이저 펄스를 보낸다. 다른 쪽에서는 이 광자들의 편광이나 나이를 측정한다. 물론 실제로는 다른 기술적인 트릭들도 있지만 당신이 여기까지 잘 따라왔다면 이 응용물리의 대부분을 이해한 것이다.***

현재 제네바에 있는 어떤 단체는 그들의 데이터 백업을 70km 떨어진 로잔 근처에 가지고 있는데, 제네바대학 부속기업 IDQ에서 상용화한 양자암호시스템을 이용하기 위해 제네바호 밑을 통과하는 광섬유를 사용하고 있다.

역사적으로 볼 때 위에서 설명한 단순화된 장치가 비국소성에 기반한 장치보다 훨씬 먼저 발명되었다는 것은 흥미로운 일이다. 역사란 항상 논리적인 것만은 아니며 인간적인 변칙들이 존재한다. 또 하나 너무나 인간적인 이야기를 하자면, 베넷Charles Bennet과 브라사드Gilles Brassard가 처음 양자암호통신을 발명했을 때 어떠한 물리학술지도 그들의 논문을 게재해 주지 않았다. 너무나 새롭고 너무나 창의적이어서 이 논문의 심사를 요청받은 물리학자들이 이해를 할 수가 없었던 것이다. 결국 베넷과 브라사드는 그 논문을 인도에서 열리는 한 전산학회의 초록으로 발간했다. 말할 것도 없이 이 1984년의 발표는 아무에게서도 주목받지 못했는데, 1991년에 에커트Artur Ekert가 독자적으로 이

** 초기의 보안성이 어느 정도 이상은 되어야 한다. 이런 이유로 앨리스가 밥에게 보내는 펄스는 너무 자주 여러 개의 광자를 포함하지 않도록 약해야 한다.

*** 더 자세한 내용은 다음을 참조하라. N. Gisin, G. Ribordy, W. Tittel, H. Zbinden: *Quantum cryptography*, Rev. Mod. Phys. **74**, 145-195 (2002); V. Scarani, H. Bechmann-Pasquinucci, N. Cerf, M. Dusek, N. Lukenhaus, M. Peev: *The security of practical quantum key distribution*, Rev. Mod. Phys. **81**, 1301 (2009).

양자암호통신을 재발견했다. 이번에는 비국소성에 기반한 발견이었고 권위
있는 물리학술지에 실렸다.

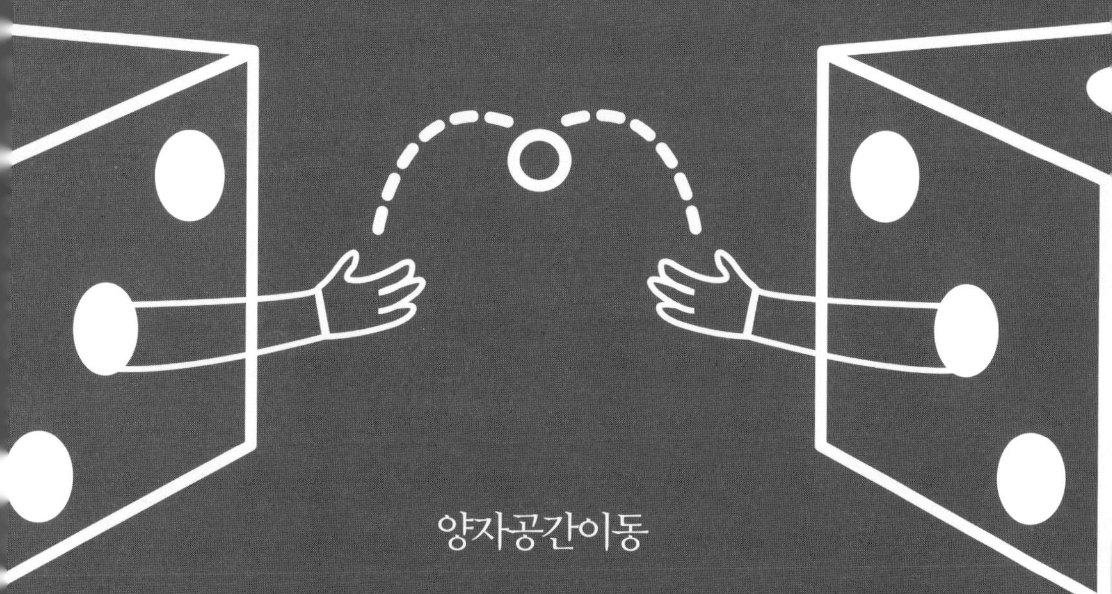

CHAPTER 8

양자공간이동

공간이동보다 더 놀라운 게 뭐가 있을까? 한 물체가 여기서 사라진 후 중간에 어디도 거치지 않고 저기서 다시 나타난다! 통신기술은 가끔씩 이런 가능성을 고려해 보고는 했다. 이메일이 내 컴퓨터를 떠나면 몇 초 후 지구 반대편에 있는 친구의 컴퓨터 화면에 뜬다. 그러나 이메일에 대해 말하자면, 와이파이 신호망 전체, 구리선의 전자들, 그리고 광섬유에서 광자들이 내 이메일을 연속적으로 한 점에서 다른 점으로 공간을 통해서 목적지에 배달한다는 것을 우리는 잘 알고 있다. 공간이동은 물체가 도중에 어디도 거치지 않고 여기서 저기로 직접 점프 해서 간다는 점에서 매우 다르다. 어떻게든 양자적 비국소성을 이용할 방법이 있어야지 그렇지 않다면 다른 지점 사이를 이렇게 기묘하게 연결한다는 것은 펑 하고 일어나는 마술이나 공상과학이다.

이 책 전체에 걸쳐서 우리는 비국소성이 통신에 사용될 수 없음을 보았다. 그러나 공상과학의 공간이동은 무한대 속도의 통신도 가능케 한다. 더구나 어떤 물체든 물질(광자라면 에너지)로 이루어져 있으며, 물질은 중간 지점을 거치지 않고 한 장소에서 다른 장소로 이동할 수가 없다. 그러므로 공상과학에서 나오는 공간이동은 불가능하다. 그런데 1993년 브레인스토밍 세션을 즐기고 있던 한 그룹의 물리학자들이 비국소성의 아이디어를 가지고 놀다가 오늘날 양자공간이동이라 불리는 기술을 발명했다.* 이 논문의 공동저자는 여섯 명

---

* 1990년대 두 번째 양자혁명이 시작된 이후의 분위기를 보여주는 일화가 하나 있다. 1983년에 내가 미국에 박사후연구원으로 있을 때 훌륭한 교수님 한 분이 얼굴에 활짝 미소를 띠고 내게 와서는 내 인생을 구해 주었다고 하시는 것이었다. 그 교수님은 내가 학술지에 제출한 첫 논문의 심사를 수락하셨는데, 그 논문에서 나는 양자물리에서는 한 시스템이 여기서 사라지고 다른 곳에서 나타나는 것 이 가능하다고, 용서받을 수 없는 신성모독급 언급을 해 버렸다. 오늘날 이것은

인 관계로 양자공간이동을 발명한 영예는 한 사람이 독차지할 수 없었다. 이 발명은 정말로 탁월한 업적이며 고립된 학자의 전형적 이미지와는 전혀 동떨어진, 그룹 구성원들의 지식유희의 산물이었다.*

물질과 형상

자, 그럼 공간이동은 어떻게 일어나는가? 우선 물체가 뭘 의미하는지 자문해 볼 필요가 있다. 아리스토텔레스는 두 가지 중요한 요소로서 물질과 형상을 꼽았다.** 오늘날의 물리학자들은 물질과 물리적 상태라고 말할 것이다. 예를

공간이동을 떠올리게 하지만 사실 나는 그런 걸 생각하고 있지도 않았다. 그것은 그냥 직관이었다. 나의 구세주는 위 문장을 삭제하는 조건으로 내 논문의 게재를 승인했다. 그 당시에는 나의 주장이 전 세계적인 반대에 부딪혔을 것이다! 보어가 모든 것을 다 정리했다고 끊임없이 주장하는 존경하는 교수님들 덕분에 얼마나 많은 기회들이 사라졌을까? 얼마나 많은 유능한 젊은이들이 그 결과로 물리를 떠났겠는가? 그리고 얼마나 많은 훌륭한 교수님들이 아직도 보어가 정말로 모든 걸 정리했다고 주장하고 있는 것일까?

* Bennett, C.H., Brassard, G., Crepeau, C., Jozsa, R., Peres, A. and Woottters, W.K.: *Teleporting an unknown quantum state via dual classical and Einstein-Podolsky-Rosen channels*, Phys. Rev. Lett. **70**, 1895-1899 (1993).

** 첫 장거리 공간이동실험에 대한 우리의 논문은 이렇게 첫 문장을 시작했었다. 그런데 그 유명한 학술지 《네이처》의 편집자는 참고문헌을 아리스토텔레스의 시대까지 끌고 올라갈 수는 없노라고 게재불가를 통보해 왔다. 나는 우리 학생들에게 《네이처》에 싣기를 포기하자고 강하게 주장했지만 압력이 너무 거세서 끝내 편집자의 요구에 굴복하고 말았다. I. Marcikic, H. de Riedmatten, W. Tittel, H. Zbinden, N. Gisin: *Long-distance teleportation of qubits at telecommunication*

들어 편지는 종이와 잉크로 구성된 물질이면서 한편으로는 문장이라는 정보 혹은 종이와 잉크의 물리적 상태이다. 전자로 말하자면, 실체는 질량과 전하 등 영구한 속성이며 가능한 위치와 속도를 나타내는 구름은 그 물리적 상태를 구성한다. 광자는 질량이 없는 입자이기 때문에 실체는 그 에너지이고 물리적 상태는 편광과 가능한 위치의 구름 그리고 진동주파수(즉 에너지)이다.

양자공간이동에서는 물체 전체를 이동시키는 것이 아니라 오직 그 양자적 상태 혹은 아리스토텔레스의 표현을 빌리자면 형상만을 옮긴다. 실망스러운 가? 전혀 그렇지 않다! 우선 우리는 질량이나 물체의 에너지를 공간이동시킬 수 없다는 사실을 알고 있다. 이것은 이동 없이 통신할 수 없다는 원리(71쪽 상자 5 참조)를 중대하게 위반한다. 더구나 우리가 물체의 양자상태를 이동시킬 수 있다는 사실도 충분히 기이하다. 사실 양자상태는 물체의 궁극적인 구조를 구성한다. 그러므로 우리는 일종의 근사적인 묘사를 이동시키는 것이 아니라 이동될 수 있는 **모든** 것을 이동시키는 것이다. 그리고 4장의 복제불가 정리를 잊지 말자. 우리가 물체의 상태를 공간이동시킬 때 원본은 필수적으로 없어져야 한다. 아니면 우리는 결과적으로 두 개의 같은 물체를 갖게 되고 이는 복제불가 정리에 반한다. 그러므로 원본이 여기서 사라지고 저기에서 공간이동된 상태가 다시 나타나게 된다.

그럼 정리를 해 보자. 양자공간이동에서는 초기 물체의 실체(질량, 에너지)는 그 자리에 그대로 남지만 그 구조(물리적 상태)는 증발해 버린다. 예를 들어 만일 앨리스가 점토로 만든 오리를 공간이동시킨다면 그 점토는 제자리에 남

wavelengths. I, Nature **421**, 509–513 (2003) (submitted paper arXiv:quant-ph/0301178).

아 있지만 더 이상 오리 모양이 아니다. 그냥 아무 형태 없는 점토덩어리일 것이다. 앨리스가 모르는 목적지에 멀리 떨어져 있는 밥은 아무런 형태도 없는 점토덩어리(실체)만 가지고 있다. 그러나 공간이동 후에는 밥의 점토가 원자 수준의 세부까지도 완전히 같은 형태의 원본 오리를 얻게 된다. 물론 이런 특별한 예제도 아직은 공상과학 수준이다. 당분간은 점토오리를 공간이동시킬 수가 없다. 현대 과학으로는 설명할 수 없는 너무나 복잡한 일이다. 아마도 양자물리가 그런 일상적인 물체의 스케일에는 적용되지 않을 수 있다. 그러니 좀 더 현실적이고 더 추상적인 두 번째 예를 검토해 보기로 하자. 바로 광자의 편광이다.

광자란 조그만 빛에너지(물리학자들은 전자기파 에너지라고 부른다) 덩어리이다. 무엇보다도 이 에너지는 약한 전기장의 진동을 포함하고 있다. 만일 광자가 잘 정의된 편광을 가지고 있으면 전기장이 특별한 방향으로만 주기적으로 진동한다. 같은 광자라도 편광에 구조가 없으면 물리학자들은 편광되지 않았다고 말하는데* 이 경우 전기장은 모든 방향으로 완전히 무질서한 형태로 진동한다.

앨리스의 광자가 뚜렷한 구조의 편광, 즉 진동방향이 잘 정의된 광자라고 하자. 이 방향은 우리가 모르더라도 있기는 있다. 공간이동과정 후에는 앨리스의 광자의 에너지는 아직도 거기에 있지만 더 이상 편광되어 있지 않다. 밥

---

* 잘 정의된 편광을 가진 광자는 확실히 지나갈 수 있는 편광판이 있다. 반면 편광이 완전히 없는 광자는 어떠한 방향의 편광판이든 두 번에 한 번 지나갈 기회를 갖는다. 첫 번째 경우 광자는 편광판이 확인할 수 있는 구조를 가지고 있지만 두 번째 경우는 어떠한 편광판을 쓰더라도 항상 지나가거나 못 지나가는 두 가지 반응이 50 대 50으로 나오기 때문에 그 광자는 구조가 없다.

측에서는 편광이 안 된 광자(와 그 에너지[*])로 시작하는데, 공간이동과정이 끝나고 나면 구조가 뚜렷했던 공간이동된 광자의 편광 구조를 갖게 된다. 밥의 광자는 그러므로 모든 면에서 앨리스의 원본광자와 동일하며 앨리스의 광자는 모든 면에서 밥의 원본광자와 동일하다.[**]

이것은 진짜 공간이동이다. 에너지 + 편광 이라고 취급되는 광자, 혹은 좀 더 일반적으로 실체 + 물리적 상태 로 취급되는 물체는 정말로 도중에 어느 지점도 거치지 않고 앨리스로부터 밥에게로 간다. 공간이동 과정의 결과는 아무런 배달도 일어나지 않았음에도 불구하고 앨리스의 광자는 밥에게 배달되고 밥의 광자는 앨리스에게 배달된 과정과 전혀 구분할 수 없을 것이다.

그러나 위 설명 중 어느 것도 어떻게 양자공간이동이 실제로 작동하는지 설명하지 않았다. 우리는 양자적 비국소성을 이용해야 한다는 것을 알지만 그걸로는 충분치 않다. 여기에는 공동 측정이라는 개념이 하나 더 들어가야 한다.

---

[*] 우리가 6장에서 보았다시피, 광자의 에너지는 결정될 수 없다. 사실 보즈-아인스타인 응축 질량도 마찬가지이다. 중요한 것은 질량이나 에너지와 같은 실체가 적어도 잠재적으로 목적지에 이미 있어야 한다는 것이다.

[**] 물리 전공 독자들을 위해 덧붙이자면, 이것은 우리가 광자의 모든 특성을 공간이동시킬 때만 진실이다. 우리가 만일 편광만을 공간이동시킨다면, 스펙트럼 같은 다른 특성들도 처음부터 구분 불가능했어야 광자들이 구분 불가능할 것이다.

공동 측정*

그러니까 실제로 공간이동을 하자면 양자적 물체의 얽힌 쌍이 필요하다. 더 구체적으로 말해서 편광이 얽힌 한 쌍의 광자를 생각해 보자. 이제 한 물체를, 예를 들어 한 광자의 편광을 공간이동시키려 한다. 즉 이 편광상태가 바로 공간이동시키려는 큐비트 혹은 양자비트이다. 보내는 사람인 앨리스는 공간이동시킬 광자 혹은 더 정확히 말하자면 공간이동시킬 편광상태를 지닌 광자와 또 하나의 광자를 가지고 있는데, 이 두 번째 광자는 멀리 떨어진 밥이 가진 세 번째 광자와 얽혀 있다. 앨리스는 밥이 어디에 있는지 알 필요 없다. 앨리스는 이걸로 뭘 할 수 있을까? 앨리스가 공간이동시킬 큐비트를 측정하면 그 큐비트에 변형을 가하게 돼서 원본을 보낼 수 없게 된다. 앨리스는 밥의 광자와 얽혀 있는 광자를 측정하면 밥과 비국소적 연관을 생성할 수 있다는 걸 알고 있지만, 그래서 그걸로 뭘 할 수 있을까? 앨리스가 아는 것은 밥이 자기와 똑같은 측정을 한다면 같은 결과, 무작위하지만 양쪽 모두 같은 결과를 얻게 된다는 사실뿐이다.

공간이동의 핵심 기제에서는 아직까지 잘 이해되고 있지 않은 얽힘의 두 번째 성질이 사용되고 있다. 여태까지 얽힘에 대해서는 두 개의 멀리 떨어진 광자 같은 양자적 물체가 얽힌 상태로 기술된다는 이야기만을 했다. 그러나 여기서 앨리스는 두 개의 상태로 기술되는 두 개의 광자를 가지고 있다. 첫 번째는 매우 잘 정의된 편광상태인데 이 상태가 어떤 상태인지는 앨리스도 잘

* 벨 측정이라고도 한다—옮긴이

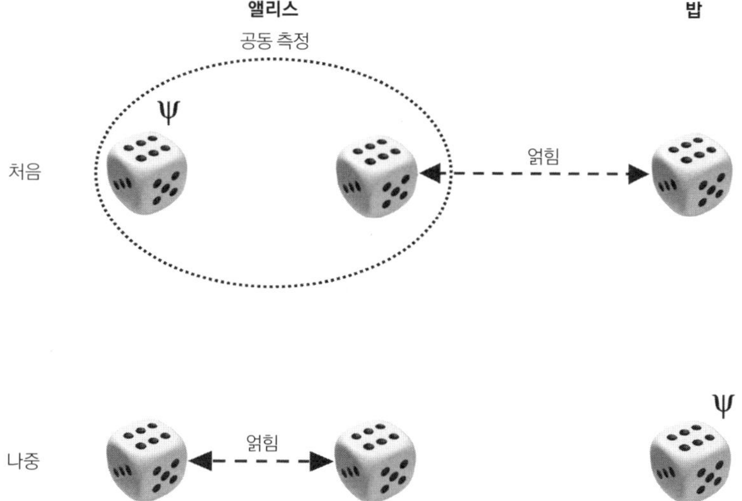

그림 8.1 양자공간이동. 처음에 앨리스는 이 그림에서 두 개의 주사위로 표현된 두 개의 광자를 가지고 있다. **왼쪽**의 것은 공간이동시킬 양자비트를 지니고 있으며 **오른쪽** 것은 밥의 광자와 얽혀 있다. 앨리스는 이 두 개의 광자를 공동 측정한다. 이 작업은 앨리스가 지닌 두 개의 광자를 얽히게 만들면서 동시에 왼쪽 큐비트를 밥의 광자로 공간이동시킨다. 이 과정을 완성하기 위해 앨리스는 밥에게 자신의 공동 측정 결과를 알려주며 밥은 들은 정보에 따라 광자를 돌린다.

모르고 있고, 두 번째는 얽힌 상태이다. 앨리스가 해야 할 일은 자신이 가진 두 개의 광자를 얽히게 만드는 것이다. 이를 위해서는 둘 중 하나만 단독으로 측정해서는 안 되고 두 개를 공동으로 측정해야 한다. 이것은 얽힘 그 자체처럼 우리가 익숙한 일상생활에서는 발생시킬 수 없는 것이기 때문에 이해하기가 어렵다.

이를 이해하기 위해서 앨리스가 자신이 가진 두 개의 광자에게 이런 질문을 한다고 상상해 보자. 너희 둘은 서로 같은 상태야? 이 질문의 구체적 의미는 이렇다. 만일 내가 너희 각자에게 똑같은 측정을 한다면 같은 결과가 나오니? 일상에서 이런 이상한 질문에 답을 하기 위한 유일한 방법은 실제로 두 개를 측정해 보고 결과를 비교하는 것뿐이다. 그러나 양자물리에서는 얽힘 덕분에 더 좋은 방법을 이용할 수 있다. 우리가 광자들에게 이 질문을 하고 광자들이 얽힌 상태로 어울려서 답하면 각각의 광자를 한 번씩 두 번 측정할 필요가 없다. 우리는 얽힌 상태란 것이 두 개의 광자를 같은 방식으로, 즉 5장에서 말한 것처럼 같은 방향으로 측정하면 광자들이 언제나 무작위하지만 같은 결과, 정말로 비국소적 무작위성을 띤 결과를 주는 것임을 배웠다. 측정의 방향이 어느 쪽으로 선택되든 상관없이 성립한다.

만일 앨리스의 두 광자가 언제나 같은 질문에 같은 답을 한다면, 그리고 앨리스의 광자와 얽혀 있는 밥의 광자도 같은 질문에 같은 답을 한다면, 밥의 광자는 언제나 그들이 공간이동시키고 싶어 하는 광자와 같은 대답을 할 것이다. 공간이동은 대부분 이렇게 간단하다. 그러므로 우리는 얽힘을 두 번 사용해야 한다. 한번은 비국소적 양자공간이동 채널(앨리스와 밥의 얽힌 광자들)로, 그리고 두 번째는 각각의 상태를 모르는 가운데 두 시스템(앨리스의 두 광자)에 그들의 상대적 상태를 얻기 위한 질문을 하는 방법으로서 사용한다(그림 8.1 참조).

그러나 이게 이야기의 끝이 아니다. 양자물리에서 늘 그렇듯 앨리스의 두 광자의 상대적 상태에 대해 공동 측정을 하면 여러 가능성 가운데 한 개의 결과가 완전히 무작위하게 나온다. 그걸 밥이 모를 뿐이다. 그러나 만일 앨리스가 우리는 같지 않아요 라는, 다시 말해서 같은 질문에 대해 우리는 반대 결과를 줄 거예요 라는 답을 얻는다면 어떻게 되는 걸까? 이 경우에는 밥이 앨리스의 원본 광자와 같은 결과를 줄 수 있도록 자신의 광자를 뒤집을 필요가 있다.*

   그래서 앨리스는 자신의 두 광자에게 어떤 질문을 해야 할까? 그것이 실험에서 구현할 때 제일 어려운 부분이다. 이 점에 대해서는 더 이상 이야기하지 않겠다. 이 책에서 다룰 내용의 범위를 벗어난다.

양자공간이동 프로토콜

앨리스의 공동 측정은 그러므로 무작위한 결과를 낳는다. 이 결과에 따라 밥의 광자는 초기의 광자와 같은 방향으로 측정되면 같은 결과를 주고 그 밖의 경우에는 반대의 결과를 준다. 그리고 이 두 상황은 같은 확률로 일어난다. 여기까지의 과정에서 밥 쪽에는 별로 재미있는 일이 일어나지 않았다. 밥은 원본 광자를 측정했을 때 나올 결과와 같은 결과를 얻을 확률이 반, 반대 결과를 얻을 확률이 반이다. 여기까지 밥이 해야 하는 일은 전혀 없었다. 나올 수 있는 결과가 두 개뿐이므로 밥은 옳은 결과가 나올 확률이 반임을 이미 알고 있다.

---

* 여기서 독자들에게 얽힌 상태는 매우 많다는 걸 밝혀야만 하겠다. 여태까지는 간단히 하기 위해 같은 측정에 대해 같은 결과만을 주는 얽힘에 대해서만 이야기해 왔다. 예를 들어, 같은 측정에 대해 언제나 다른 결과를 주는 얽힌 상태도 있다. 이외에도 많은 다른 얽힌 상태들이 있으나 여기서는 필요치 않다. 물리를 전공한 독자들을 위해 덧붙이자면, 두 광자의 편광에는 서로 수직한 4개의 최대 얽힌 상태가 있다. 각 상태에 대해 밥은 자신의 광자의 편광을 회전(유니터리변환)시켜서 앨리스의 광자의 처음 상태와 완전히 같게 만들 수 있다. 그 상태가 뭔지 전혀 모르는 채로 말이다.

그러나 양자공간이동에서 앨리스는 공동 측정의 결과를 알고 있기 때문에 밥이 옳은 결과를 얻게 될지 반대 결과를 얻게 될지 안다. 양자공간이동의 과정을 완성하려면 앨리스가 밥에게 자신의 측정 결과를 알려주어야 한다.

이제 우리는 양자공간이동이 무한대의 속도로 신호를 보내며 일어나는 것이 아님을 이해할 수 있다. 이 과정은 앨리스의 얽힌 두 광자의 공동 측정 결과를 밥이 받아야만 완성된다. 앨리스와 밥 사이에 이런 소통이 없으면 밥의 결과는 순전히 우연으로 나올 뿐이며 밥은 그 결과를 해석할 방법이 없다. 앨리스의 통신은 물론 빛의 속도 혹은 그 이하로 전달된다. 그러므로 처음부터 끝까지 다 생각하면 양자공간이동은 빛보다 빠른 속도로 전달되지 않는다. 밥의 광자는 아무런 구조도 없다가 두 개의 가능한 상태 중 하나로 변화하므로 앨리스가 공동 측정을 하는 순간 밥의 광자에게 뭔가 일어난 것이 분명하다. 밥은 어떤 측정을 하든 순전히 무작위한 결과를 얻게 될 것이기 때문에 이를 알 도리가 없지만, 밥의 광자가 어떤 상태인지를 앨리스가 알려주는 즉시 밥은 그가 가진 광자의 측정에서 앨리스가 원본 광자를 측정했다면 얻었을 결과를 얻기 위해서 무엇을 해야 할지를 알게 된다. 그것도 그가 어떤 측정을 선택하든지 상관없이 말이다. 따라서 밥의 광자는 원본 광자의 양자상태에 있게 된다.

밥은 자신의 광자를 측정할 필요가 없다는 점에 주목하자. 밥은 그 광자를 나중에 쓰기 위해, 혹은 다른 곳에 공간이동시키기 위해 간직할 수 있다. 그러므로 예를 들어 약 50km씩 떨어져 있는 점과 점을 광섬유로 연결해서 장거리로 얽힘을 전달하는 공간이동 네트워크를 상상할 수 있다. 앨리스가 밥에게 그의 광자가 언제나 반대의 결과를 줄 거라고 이야기해 주면 밥은 자신의 광자를 뒤집으면 된다.* 이런 조작은 광자 상태를 교란시키지 않고 할 수 있다. (밥은 자신의 광자 상태가 어떤지 모르는 채로도 상태를 뒤집을 수 있다.) 또한 밥이 자신의 광자를 뒤집지 않고도 다른 곳으로 공간이동시킬 수 있음을 주목하자. 밥은 수신자에게 수신자가 직접 뒤집어야 한다고 말해 주어야 한다. 마지막 수신자는 몇 번이나 자신의 광자 상태를 뒤집어야 하는지 계산한다. 이게 짝수이면 아무것도 할 필요가 없을 테고 홀수이면 한 번만 뒤집으면 된다.

한 가지 중요한 점이 더 있다. 앨리스나 밥 모두 공간이동된 상태에 대해서는 아무것도 모른다. 사실 앨리스의 두 광자에 대한 공동 측정 결과는 언제나 완전히 무작위하게 나온다. 이 결과는 그러므로 공간이동된 상태에 대해 전혀 정보를 주는 바 없다. 놀랄 것도 없는 것이, 우리는 이미 얽힌 상태에 대해 어느 특정한 방향에 대한 측정의 결과는 언제나 완전히 무작위하다는 것을 보았다. 역으로 만일 잘 정의된 방향으로 진동하는 광자로 시작했다 해도 그 방향이 어느 쪽이건 너희들 같아? 라고 물으면 그 결과도 완전히 무작위하다. 이것은 일종의 역과정이다. 좀 더 논의를 전개하자면, 이것은 꼭 필요한 것으로서 만일 그렇지 않다면 앨리스와 밥이 공간이동된 상태에 대해 뭔가 알기 위해서 이 상태를 매번 다른 얽힌 광자쌍을 이용해 서로 공간이동으로 주고 받으며 그 상태에 대한 충분한 정보를 얻을 수 있다. 그러면 그 상태의 광자 복사판을 만들 수 있을 것이고, 이는 4장에서 설명한 복제불가 정리에 어긋난다.

마지막으로 앨리스와 밥은 제4의 광자와 얽혀 있는 광자를 공간이동시킬

---

* 이를 위해서 밥은 광자의 상태를 돌려야 한다. 예를 들어 큐비트가 편광상태로 부호화되어 있다면 편광상태를 복굴절 결정을 써서 뒤집어야 한다.

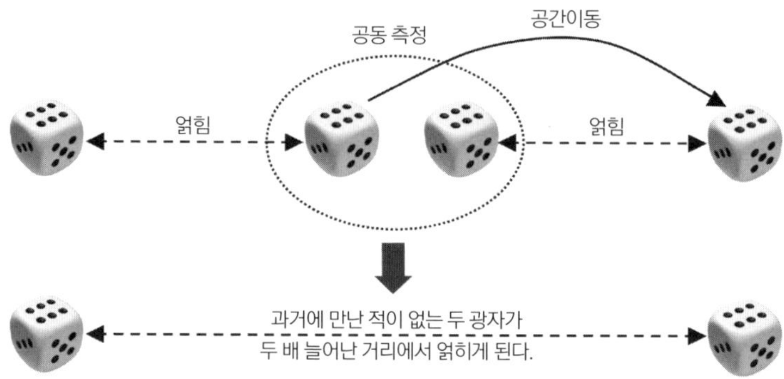

그림 8.2 우리가 그림 왼쪽에서 첫 번째 광자와 얽혀 있는 두 번째 광자를 공간이동시키면 첫 번째 광자가 네 번째 광자와 얽히게 된다. 이런 것이 얽힘의 공간이동이다. 이 과정은 전에 만난 적도 없는 광자들을 얽히게 만들기 때문에 특히 환상적이다. 이 기술로 얽힌 물체들 간의 거리를 두 배로 늘릴 수 있으므로 유용하다.

수도 있다. 이들은 공간이동되는 상태에 대해 전혀 모르므로 공간이동된 얽힘도 깨지지 않는다. 그러므로 우리는 얽힘의 두 속성을 모두 사용한다. 멀리 떨어진 두 광자를 연관시키기 위해 두 번, 공동 측정을 하기 위해 한 번. 그러므로 우리는 그림 8.2에 나온 것처럼 서로 만난 적도 없고 과거에 공통점도 전혀 없던 광자들을 얽히게 할 수 있다. 이것은 얽힌 상태의 공간이동이다.

양자팩스와 양자통신망

독자들은 앞에서 논의한 양자공간이동이 양자팩스와 별반 차이가 없다고 느낄 수도 있다. 어쨌든 밥은 팩스로 전달된 큐비트가 인쇄될 백지에 해당하는 큐비트를 준비해 둬야 한다. 그러나 이런 비유는 여러 가지 이유에서 잘못된 것이다.

우선 우리가 공간이동시킬 때 정보의 일부를 그냥 팩스로 보내는 것이 아니다. 양자상태의 형태로 보내지는 것은 물질의 궁극적 구조이다. 마지막 큐비트가 처음 큐비트의 상태를 지닐 뿐만 아니라 모든 면에서 완벽히 동일하다.

둘째로 한 양자시스템은 무한대로 많은 상태를 가질 수 있기 때문에 상태를 기술하기 위해서는 무한대의 정보가 필요하다. 예를 들어, 한 광자의 편광상태는 어떤 각도 가질 수 있다. 이런 각도를 통보하려면 무한대로 많은 정보 비트가 필요하다. 이에 비해 양자공간이동에서 필요로 하는 광자의 편광상태는 단 하나의 비트뿐이다. 이것은 양자공간이동에서 요구되는 통신은 공간이동되는 상태(이게 알려져 있다면)를 통보하기 위해 요구되는 정보의 양에 비하면 새발의 피라는 뜻이다.

세 번째 차이는 양자공간이동에서는 앨리스도 밥도 공간이동되는 큐비트의 상태에 대해 아무것도 모른다는 것이다. 이것은 매우 놀라운 일로서 암호통신에서 상당히 유용하다. 우리가 팩스를 보낼 때 누군가 통신축선상에서 지키고 있다가 빼 갈 수도 있다. 그러나 양자공간이동에서는 이런 일이 일어날 수 없다. 이미 살펴본 바와 같이 아무도, 심지어 송신자와 수신자조차도 이동되는 큐비트의 내용을 모른다. 그러므로 앨리스는 찰스에게 메시지를 전달하고 찰스가 밥에게 전달하게 할 수 있다. 만일 찰스가 양자공간이동 프로토콜을 정확히 따르기만 하면 메시지에 대해 전혀 아는 바가 없을 것이다. 앨리스와 밥은 찰스가 프로토콜을 잘 따랐으며 그래서 정보를 전혀 빼 가지 않고 과

정을 잘 수행했는지 양자암호 프로토콜을 적용해서 확인할 수도 있다. 이를
양자공간이동 네트워크로 확장시키면 앨리스와 밥은 그들의 통신이 여러 전
달점(전문용어로 양자 리피터라고 부른다)을 거쳐도 통신의 기밀성을 확신할 수
있다.

큰 물체를 공간이동시킬 수 있는가?

당신은 양자공간이동 기계에 올라설 준비가 되었는가? 나라면 두 가지 이유
로 상당히 조심스러울 것이다. 우선 공간이동시킨 초기 물체를 잃어버리지 않
고 양자공간이동 원리를 증명한 훌륭한 실험은 매우 드물다. 사실 이런 실험
데모의 대부분은 광자를 사용했는데 벨 게임의 데모에서처럼(172쪽의 탐지에
있어서의 논리적 맹점) 이 광자들은 그냥 없어진다. 그럼에도 불구하고 물리학자
들은 왜 그런지 잘 알고 있기 때문에 그런 데모가 의심의 여지가 없다고 생각
한다. 그러나 내게 선택의 여지가 있다면 이 공산이동 실험에서 광자들 내신
나를 보내라고 자원하지는 않겠다. 좀 더 진지하게 말하자면, 원자들로 수행
한 실험들의 경우에는 물론 공간이동된 대상들이 없어지지 않았다. 그러나 이
동된 거리는 1mm보다도 훨씬 짧다.

내가 조심스러워 하는 두 번째 이유는 일상생활에서 보는 물체를 공간이
동시키려면 어마어마한 양의 얽힘이 필요하다는 것이다. 그러나 얽힘은 매우
깨지기 쉽다. 그 상태를 유지하려면 모든 외부 교란을 막아야 하며 이는 주변
과의 모든 상호작용을 포함한다. 이것은 광섬유 안에 고립된 광자나 고진공

덫에 잡혀 있는 원자라면 가능하다. 그러나 연필심 끝 하나를 보낼 때 필요한 양의 얽힘조차 어마어마한데, 공간이동의 전 과정을 완전히 망칠 수 있는 교란을 피한다는 것은 현재로서는 상상할 수 없다.

지금은 예산을 아무리 많이 준다고 해도 이 문제를 극복할 해답을 구할 수가 없다. 그러므로 이것은 단순한 기술적 문제가 아니다. 우리가 언젠가 바이러스의 양자상태를 공간이동시키는 데 성공할 수 있을까? 솔직히 그런 날이 오려면 멀었다. 우선 바이러스의 양자상태가 뭔지 알아야 하는데 그런 일조차 불가능할 것이다. 어쩌면 우리가 눈으로 볼 수 있는 크기의 물체의 공간이동을 금지시키는 물리법칙을 새로 발견할지도 모른다. 나는 모르겠다. 이것이 과학의 불확실성과 아름다움이다.

CHAPTER 9
자연은 정말로 비국소적인가?

우리가 지금까지 살펴본 바로 판단하자면 자연은 정말로 비국소적 상관관계를 만들어낼 수 있는 듯하다. 그러나 과학자들은 이론이나 개념을 그렇게 쉽게 버리지 않는다. 실험이 이상한 결과를 낼 때마다 과학자들은 이론뿐 아니라 실험에도 의문을 갖는다. 이 실험은 재현 가능한가? 제대로 해석된 건가? 우리의 경우 실험이 모든 대륙에서 다양하게 변형된 형태로 여러 번 반복됐다. 오늘날 과학계는 자연이 실제적으로 비국소적이라고 확신하고 있기는 하지만, 다른 해석의 가능성이 진정 모두 제거되었는지 확신하는 것은 굉장히 힘든 일이라는 것을 안다.

9장에서는 과학자들이 자연을 국소적이며 서로 독립적인 실체요소로 기술할 수 있다는 희망을 버려야 한다고 스스로에게 확신시키기 위해 조사했던 모든 종류의 논박들을 살펴본다. 마치 아이들이 레고(블럭 장난감)로 세상을 만들듯이 만들어진 어떤 자연관도 사실 벨 게임을 하면서 드러나는 비국소성과 양립할 수 없다. 이미 설득되어서 더 이상 이런 과학적 논쟁을 듣고 싶지 않은 독자들은 바로 10장으로 넘어가길 권한다.

뉴턴 세계에서의 비국소성

우선 비국소성의 또 다른 예를 살펴보며 논의를 시작해 보자. 이미 우리가 살펴본 바와 같이, 물리학자들이 비국소성을 조우하게 된 것은 이번이 역사상 처음이 아니다. 위대한 뉴턴의 만유인력 법칙도 비국소적이었다. 그 이론에 따르면 달에 있는 돌을 하나 옮기면 지구에서 우리의 몸무게가 즉시 영향을 받는다. 이 효과는 거리가 얼마건 즉시 나타나기에 명백히 비국소적 작용이다. 그러나 양자적 비국소성과는 달리 이 비국소적 작용은 무한대의 속도로 통신을 하는 데 사용될 수 있다. 독자들은 어떻게 물리학자들이 이런 이론을 수세기 동안이나 받아들여 왔는지 묻고 싶을 것이다. 그리고 진실은 그들이 진정으로 받아들인 적이 없다는 것이다. 뉴턴 자신의 반응이 모든 걸 설명한다(36쪽 상자 1 참조). 중력은 ( ) 공간적으로 떨어져 있는 ( ) 작용한다고 말하는 것은 너무나 터무니없어서, 철학적으로 제대로 사고하는 어떠한 사람도 믿지 않을 것이라고 생각된다.

수십 년이 지나 라플라스가 등장하자 일단의 사상가들이 뉴턴의 이론을 궁극적 진실의 반열에 올리고 거기서 결정론의 절대적인 형태를 만들어내며, 이로써 과학과 결정론을 동일하게 취급했다. 뉴턴의 태도는 양자이론이 완벽한 이론이라는 고집스런 주장에 모든 세대의 물리학자들을 굴복하게 만든 양자역학의 정신적 아버지 닐스 보어와 매우 대조된다. 보어의 이러한 태도는 양자이론이 사실 비국소적이라는 점을 보이기 위해 제시한 아인슈타인의 논박을 깔아뭉갰다. 그리고 누가 아는가? 이런 보어의 태도가 젊은 과학자들이 벨 게임을 1930년대에 발견하는 걸 방해했는지. 그러나 이런 얘기는 접어두고 우리의 문제로 넘어가자.

오늘날 물리 이론에서 뉴턴의 비국소성은 사라졌다. 아인슈타인의 일반상대론이 뉴턴의 이론을 대체했고 후자는 전자의 아주 좋은 근사라는 지위를 차지하고 있다. 현재의 이론에 따르면, 달에서 돌 하나를 이동시키면 일 초 남짓 지난 후 지구상에서의 내 몸무게가 영향을 받는다. 이 시간은 신호가 빛 속도로 달에서 지구까지 가는 데 걸리는 시간이다.

뉴턴의 비국소성 이야기는 매우 다른 두 가지 이유 때문에 현 주제와 관련이 있다. 한 가지는 우리로 하여금 벨 게임에서 이기게 해 주는 상관관계가 시공간에서 국소적으로 설명이 됨을 보여주는 이론에 의해 대체될 때까지, 양자적 비국소성이 뉴턴의 이론처럼 잠정적으로만 유효하며 양자이론은 근사인 것인가 하는 점이다. 그러나 이에 대한 대답은 부정적이다. 우리가 이미 본 바와 같이 벨의 논리는 양자이론과는 무관하며 이 논박은 비국소성을 직접 테스트할 수 있는 방법을 제시한다. 만일 우리가 벨 게임에서 이기면 자연은 어떤 이론이건 간에 국소적 이론만으로는 기술될 수 없다.

또 다른 한 가지는 물리학자들이 거의 언제나 자연에 대한 비국소적 기술을 가지고 있었다는 매력적인 사실이다. 뉴턴의 비국소성은 1915년까지 유지되고 있었으며 양자적 비국소성은 1927년에야 나왔다. 그러므로 12년이라는 매우 짧은 기간을 제외하고 물리는 언제나 비국소적이었다. 오늘날까지도 왜 그렇게 많은 물리학자들이 비국소성을 받아들이기를 꺼려하는지 놀라울 따름이다. 그러나 아인슈타인이 가장 열정적인 비판가 중 한 명이었다는 것은 놀랍지 않다. 결국 그는 수세기가 지난 후 물리를 국소적으로 만들어 뉴턴에게 답을 준 장본인이었다. 12년이 지나서 또 다른 이론이 물리의 핵심에 비국소성을 다시 표방하고 나온 사실을 그는 견딜 수 없었던 것 같다. 1930년대나 1940년대에 아무도 벨의 빛나는 아이디어를 생각해내지 못한 것은 참으로 딱한 일이다. 벨의 아이디어를 접한 아인슈타인은 어떤 반응을 보였을까?

탐지 맹점

벨 게임에서는 언제나 조이스틱을 왼쪽이나 오른쪽으로 움직일 때마다 상자가 결과를 준다. 실제로 이런 실험에서는 때때로 광자가 사라지거나* 검출이 안 되어 결과가 없기도 한다. 물리학자들은 왜 광자가 사라지는지, 왜 광검출기가 유한한 효율을 갖는지 매우 잘 이해하고 있다. 그럼에도 이론적인 게임과 실제의 실험에는 차이가 존재한다.

실제 실험에서 물리학자들은 앨리스와 밥의 상자가 모두 결과를 보여줄 때만 상황을 기록한다. 다시 말해서 다른 경우들은 무시해 버린다. 그들은 이런 식으로 얻은 표본들이 전체를 대변한다고 가정하며, 자연은 이런 가정을 속이지 않는다. 다시 말해서 자연은 편향된 표본을 주지는 않을 거라는 주장으로 정당화한다. 이것은 설득력 있는 논리이지만 그래도 가정은 가정이므로, 여기에 비국소성으로부터의 도피가 감추어져 있을 수 없는지 따져 봐야 한다.

앨리스와 밥의 상자가 다음과 같은 전략을 쓰고 있다고 상상해 보자. 9시 정각에는 두 상자가 조이스틱을 왼쪽(입력 0)으로 움직였을 때만 결과를 얻으며 그 결과는 둘 다 0이라고 하자. 만일 한 상자의 조이스틱이 오른쪽으로 움직이면 그 상자는 아무런 결과도 주지 않는다. 1분 후에는 조이스틱이 오른쪽(입력 1)으로 움직였을 때만 결과를 주며 이 경우 앨리스의 결과는 1이며 밥의

---

* 광자가 사라지는 것은 그 사실을 우리가 질문을 하기 전에, 즉 조이스틱을 왼쪽이나 오른쪽으로 움직이기 전에 알기만 하면 이론상 특별히 문제가 되지 않는다. 아니면 광자 자신이 질문이 적절치 않다고 생각할 때마다 어떻게든 사라지기로 결정하는지도 모른다.

결과는 0이라고 하자. 이런 식으로 1분마다 두 상자가 한 개의 질문만을 받아들이며 그 경우 미리 정해진 결과를 주는 식으로 계속된다고 하자. 만일 두 상자가 미리 약속을 하고 우리는 두 개의 상자가 우연히도 모두 결과를 주는 때만 고려한다고 하면 벨 게임에서 4번 중 4번을 이길 수 있다. 상자들이 미리 준비된(혹은 프로그램된) 질문에만 답하므로 사실 모든 일이 마치 상자들이 질문을 미리 알았던 것처럼 벌어진다. 질문은 두 개밖에 없으므로 상자들이 순전히 우연으로 맞는 질문을 받게 되는 확률은 50%이다. 그러므로 만일 한 실험에서 한쪽 광자의 반이 없어지거나 탐지되지 않는다면 4번에 3번 이상 벨 게임에서 이기는 전략은 쉽게 상상해 볼 수 있다. 심지어 100%의 확률로 확실하게 이길 수도 있다. 여기서 '이긴다'에 따옴표를 붙인 것은 물론 우리가 여기서 속이고 있기 때문이다. 상자들은 언제나 답하지는 않는다.

추가적인 국소 변수가 광자를 어떤 질문에는 답하지 않도록, 즉 탐지기가 탐지하지 않고 거부하도록 프로그램하는 것도 가능할까? 대부분의 물리학자들은 이런 가설에 매우 회의적이다. 그들은 광탐지기가 작동하는 원리를 매우 잘 알고 있다고 느낀다. 더구나 실험은 반도체, 열 등 여러 가지 다른 종류의 탐지기로 수행되었다. 그러나 우리가 추가적 변수가설을 진지하게 받아들인다면 이 변수들이 탐지 확률에 아무런 영향을 미치지 않는다고 생각할 이유가 없다. 다시 말하지만 가장 좋은 답은 실험해 보는 것이다. 그러나 어떠한 실험도 100%의 탐지효율을 가지지 못한다. 이런 문제를 해결하는 한 가지 전략은 물리실험장치가 답을 주지 않을 때 이런 사건은 0을 준 것으로 세는 것이다. 이런 식으로 우리는 언제나 답을 가질 수 있으나 물론 대부분 0이 나오게 된다.

이런 전략을 이용했을 때 탐지율이 82.8%만 넘으면 벨 게임에서 추가적인 국소 변수에 의거한 설명의 가능성을 배제할 수 있음을 증명할 수 있다(상자 10 참조). 그러나 오늘날의 광기술로는 82.8%도 너무 높은 수치이다. 다행스럽게도 우리는 광자 말고 다른 입자로도 벨 게임을 할 수 있다. 미국의 두 물리학자 그룹은 이온(전자를 몇 개 잃어 버린 원자)을 이용해서 탐지의 맹점을 들먹이지 못할 만큼 확실하게 벨 게임에서 이겼다.[*] 이 맹점을 다루는 데 20년 이상이 걸렸다는 사실은 이런 실험의 기술적 어려움을 여지없이 보여준다.

상자 10. 탐지 맹점

앨리스의 상자가 결과를 주는 확률을 p라 하고 밥의 상자도 같은 확률로 결과를 준다고 가정하자. 그러므로 두 상자 모두 결과를 주는 확률은 p^2이다. 이 경우 앨리스와 밥은 4번에 $2 + \sqrt{2} = 3.41$번을 이기게 된다. 아무런 결과도 주지 않을 확률은 $(1 - p)^2$이다. 이 경우 앨리스와 밥은 이것을 결과 0으로 처리하므로 4번 중 3번을 이긴다. 둘 중 한 상자만 결과를 줄 확률은 $2p(1 - p)$이다. 앨리스와 밥은 두 번에 한 번 이기므로 4번에 2번 이긴다. 그러므로 평균적으로 앨리스와 밥의 성공률은

---

[*] M.A. Rowe, et al.: *Experimental violation of Bell's inequalities with efficient detection*, **149**, 791–794 (2001); D. N. Matsukevich, et al.: *Bell inequality violation with two remote atomic qubits*, Phys. Rev. Lett. **100**, 150404 (2008). 최근에는 광자로 한 실험들도 수행되었다: M. Giustina, A. Mech, S. Ramelow, B. Wittmann, J. Kofler, J. Beyer, A. Lita, B. Calkins, T. Gerrits, S.W. Nam, R. Ursin, A. Zeilinger: *Bell violation using entangled photons without the fair-sampling assumption*, Nature **497**, 227 (2013); B.G. Christensen, K.T. McCusker, J.B. Altepeter, B. Calkins, T. Gerrits, A.E. Lita, A. Miller, L.K. Shalm, Y. Zhang, S.W. Nam, N. Brunner, C.C.W. Lim, N. Gisin, P.G. Kwiat: *Detection-loophole-free test of quantum nonlocality, and applications*, Phys. Rev. Lett. **111**, 130406 (2013).

$$p^2(2 + \sqrt{2}) + 2p(1 - p) \times 2 + (1 - p)^2 \times 3$$

이며, 이 값이 3보다 크려면 p값이

$$\frac{2}{1 + \sqrt{2}} = 82.8\%$$

보다 커야 한다.

국소성 맹점

벨 게임의 임의의 실험적 데모에서 있을 수 있는 또 하나의 어려움은 엄격한 동기화 조건이다. 앨리스의 상자는 고의든 고의가 아니든 혹은 공개적이든 비공개적이든 밥의 선택이 알려지기 전에 결과를 주어야 한다. 상대성이론은 어떠한 통신에도 빛의 속도라는 최대속도를 부과했다. 그러므로 밥이 y라는 선택을 한 후부터 앨리스의 상자가 a라는 결과를 줄 때까지의 시간은 빛이 앨리스와 밥 사이의 거리를 이동하는 데 걸리는 시간보다 길어서는 안 된다. 역으로 앨리스의 선택에 대한 어떠한 정보도 밥의 상자가 b라는 결과를 주기 전까지 밥에게 도착할 시간이 있으면 안 된다. 그렇지 않으면 소위 국소성 맹점의 가능성이 남는다. 사실 앨리스와 밥은 상대성이론의 관점에서 볼 때 국소적으로 연결 되어 있을 수도 있기 때문이다.[*]

국소성 맹점의 가능성을 없애려면 우리는 앨리스와 밥이 충분히 멀리 떨어져 있으며 잘 동기화되어 있음을 확신하는 상태에서 벨 게임을 해서 4번에

3번 이상 이겨야 한다. 물리학자들은 그들이 공간적인 간격 으로 떨어져 있어야 한다고 표현한다. 이는 앨리스의 위치에서 x라는 선택이 이루어진 때부터 a라는 결과(x와 a는 고전적인 변수이기 때문에 양자적 불확정성에 영향을 받지 않는다)가 나올 때까지의 시간 간격 동안 빛이 갈 수 있는 거리보다 더 떨어져 있는 거리를 뜻한다. 이와 같은 의미에서 밥의 시간 간격보다도 역시 더 떨어져 있어야 한다.

앨리스와 밥이 아래에서 설명하는 유명한 아스뻬의 실험에서처럼 약 10미터 정도 떨어져 있다고 가정해 보면 이 실험의 기술적 어려움을 간접적으로 느낄 수 있을 것이다. 빛은 이 거리를 가는 데 300억 분의 1초가 걸린다. 이 짧은 시간 동안 측정을 하기 위해 필요한 일인 (조이스틱을 움직이는 것에 해당하는) 선택을 하고, 결과를 기록하는 것이 대단한 도전거리임을 쉽게 이해할 수 있다. 조이스틱을 움직이는 것은 말할 것도 없고, 조이스틱상자 대신 사람을 시켜 선택을 하게 한다는 것은 명백히 상상할 수도 없으며, 최신 광전자 장비를 쓴다고 해도 10미터라는 거리는 너무 짧다. 수백 미터 혹은 수 킬로미터는 필요하다. 혹은 물리학자만큼 똑똑하기라도 해야 한다.

그러나 아스뻬가 이 문제를 어떻게 극복했는가를 보기 전에, 어마어마하게 많이 수행된 벨 테스트 실험(물리학자들은 벨 게임이라고 말하지 않는다. 벨 테스트가 더 진지하게 들린다)의 대부분이 이 맹점에 별로 신경을 쓰지 않았음을 말

---

* 상대성이론의 관점에서 걱정이 되는 독자들에게는 다음의 사실이 도움을 줄 것이다. 어떤 한 관성계에서 광신호로 연결되지 않는 두 사건은 다른 어떤 관성계에서도 연결되지 않는다. 즉 이것은 계에 독립적인 개념이다.

하고 싶다. 그 이유 중 한 가지는 이 문제가 너무 다루기 어렵다는 것이고, 좀
더 일반적인 이유는 앨리스와 밥이 벨 게임에서 이기려고 할 때도 마찬가지이
지만 시험을 통과하려는 두 학생이 서로의 답안을 베끼지 못하게 하기 위해서
그들을 반드시 공간적 간격으로 떨어뜨려 놓아야만 하는 것은 아님을 실험을
준비하는 과학자들이 너무 잘 알고 있기 때문이다. 그 둘이 서로에게 영향을
미칠 수 있을 만한 경로를 확실히 막는 것으로 충분하다.

10미터밖에 안 되는 실험실에서 이 문제를 극복하기 위해 아스뻬는 다음
의 전략을 상상했다. 일단 광자는 생성기를 떠나면 일종의 진동거울에 의해
두 개의 측정기 중 하나로 무작위로 유도된다. 각 측정기는 언제나 같은 측정
(같은 선택)을 하나, 측정기가 두 개이기 때문에 광자들이 생성기를 떠나 공간
적으로 갈라질 때 이들이 어느 쪽 측정기로 가게 될지 예측할 수 없다. 그러므
로 광자들은 자신들이 대답해야 할 문제를 예측할 수 없다. 이 트릭에서 유일
한 문제는 앨리스와 밥에게 하나씩 있는 두 거울의 방향이 진정으로 독립적이
며 한 쪽 거울의 위치 정보가 다른 쪽의 결과에 영향을 주지 않을 만큼 빠른 진
동수로 진동함을 확신할 수 있어야 한다는 것이다. 나머지 문제는 거울들이
진정으로 무작위로 그리고 서로 독립적으로 떨고 있어야 한다는 것이다.

이 트릭 덕분에 아스뻬와 그 동료들은 1982년 국소성 맹점의 논란에 종지
부를 찍을 수 있었다.* 파리 남쪽 오르세이에서 수행된 이 실험은 물리 역사
에 기념비로 남을 것이다. 그때부터 다른 여러 실험들 역시 이 맹점 문제를 해

---

* Aspect, A., Dalibard, J., Roger, C.: *Experimental test of Bell's inequalities using time-varying analyzers*, Phys, Rev. Lett. **49**, 91-94 (1982).

결했다. 1998년에는 당시 오스트리아 인스브룩대학에 있던 차일링거_{Anton} _{Zeilinger}가 수백 미터 떨어진 거리에서 우아한 실험을 수행했다.* 이 실험은 앨리스와 밥의 선택을 위해 두 개의 양자 난수발생기를 사용했으며 결과를 국소적으로 두 개의 컴퓨터에 기록했다. 각 컴퓨터는 각 사건의 시간, 선택 그리고 결과를 기록했다. 벨 게임에서 평균적으로 4번 중 3.365번 이겼다.

제네바에서는 우리가 10킬로미터 남짓 떨어진 두 도시 벨뷰와 베르네 사이에서 국영회사 스위스컴의 광섬유 통신망을 이용해서 이 맹점 문제를 해결했다.** 이를 위해 우리는 아스뻬가 사용한 것과는 약간 다른 트릭을 사용했다.*** 앨리스 쪽에서는 반투명 거울이 광자들을 왼쪽 조이스틱에 해당하는 측정장치 혹은 오른쪽 조이스틱에 해당하는 다른 측정장치로 무작위로 보내며 매번 이 둘 중 하나만 실제로 켜진다. 이런 식으로 매번 앨리스 측에서 들어오는 광자를 측정할 준비가 된 장치는 오직 한 개뿐이다. 명백히 우리는 광자들 중 반을 잃어 버리므로 탐지의 맹점이 생길 수 있으나 이런 문제는 광섬유에서의 손실과 측정장치의 유한한 효율 때문에 이미 존재했던 문제이다. 우리의 실험은 파리와 인스브룩에서 행해진 실험과 사실 동등한 것이지만 수행하기

---

*   Weihs, G., Jenneswein, T., Simon, C., Weinfurter, H., Zeilinger, A.: *Violation of Bell's inequality under strict Einstein locality conditions*, Phys. Rev. Lett. **81**, 5039 (1998).

**   Tittel, W., Brendel, J., Zbinden, H., Gisin, N.: *Violation of Bell inequalities by photons more than 10km apart*, art. cit.; Tittel, W., Brendel, J., Gisin, N., Zbinden, H.: *Long-distance Bell-type tests using energy-time entangled photons*, Phys. Rev. A **59**, 4150 (1999).

*** Gisin, N., Zbinden, H.: *Bell inequality and the locality loophole. Active versus passive switches*, Phys. Lett. A **264**, 103-107 (1999).

그림 9.1 두 사진은 양자 기술의 놀라운 발전을 보여준다. (a) 아스뻬가 벨 게임에서 처음 이긴 인간이 된 1982년 그의 실험실. 그 역사적 실험에 사용된 얽힌 광자쌍을 생성하는 거대한 장치로 가득한 실험실. (b) 우리가 제네바 근처 베르네 마을과 벨뷰 마을 사이에서 처음으로 실험실 밖 규모의 얽힘 실험을 한 1997년에 사용한 생성기. 절반이 비어 있는 이 상자는 한 변의 길이가 약 30센티미터 밖에 안 되지만 아스뻬가 사용한 것보다 더 효율적인 얽힌 광자쌍 생성기를 내재하고 있다. 이 두 실험의 시간차는 15년에 불과하다.

가 훨씬 더 간단하다. 그림 9.1(b)는 우리가 사용한 얽힘 광자쌍 생성기를 보여준다. 표준 광섬유와 호환이 되는 이 작은 상자가 그림 9.1(a)에 있는 아스뻬의 전 실험실과 동등한 장치임을 놓치지 말자. 기술의 발전과 물리학자들의 상상력이 지난 15년 동안 놀라운 진보를 이뤄냈다!

맹점들의 조합

1982년의 아스뻬의 실험은 인스브룩과 제네바에서의 실험으로 이어졌고 국소성의 맹점 논란을 끝냈다. 물론 이 세 실험에서 탐지의 맹점은 여전히 남았으며, 이 맹점을 해결한 실험에서는 국소성의 맹점이 남았다. 그러므로 자연이 우리를 따돌리기 위해 이 두 개의 맹점 중 하나를 상황에 따라 사용한다는 가정이 이론상 가능하다. 그러나 이런 가정은 너무나 황당해서 오늘날 이를 믿는 물리학자는 없다. 사실 물리학자들은 자연을 믿을 만한 동반자라고 생각하는 경향이 있다. 자연은 속이지 않는다. 아인슈타인이 늘 말했듯이 신은 교묘하지만 악의적이지는 않다. 한편 비국소적 자연과, 우리가 현재는 놓치고 있지만 탐지의 맹점과 국소성의 맹점을 동시에 사용하는 어떤 복잡한 법칙을 따르는 자연 중에서 선택해야 하는 기로에 서게 되면 상황은 그리 녹록하지 않다. 그리고 우리는 여기서 실험과학에 대해 이야기하고 있기 때문에 유일하게 정직한 태도는 두 개의 맹점을 동시에 테스트하는 실험을 수행하는 것뿐이다.

이런 테스트가 아직 수행되지 않은 이유는 매우 어렵기 때문이다. 탐지의 맹점을 피하려면 광자보다 측정하기 쉽도록 질량이 큰 입자를 사용하여야 하며 반대로 국소성의 맹점을 피하려면 먼 거리를 쉽게 이동하는 광자가 좋다. 그러므로 우리는 얽힘을 먼 거리에 펼칠 수 있는 얽힌 광자를 쓸 수 있으며, 이 광자가 실제로 도착했는지 확인하고 효율적으로 측정하기 위해 이 얽힘을 원자로 공간이동시킬 수 있는 진보된 기술을 기다려야 한다. 이 환상적인 예상은 앞으로 3년 안에 현실이 될 것이다.

그러나 사실은 논리상 맹점들의 가능한 조합이 남아 있으며 이런 조합은 테스트되어야만 한다.

숨겨진 초광속 통신

다른 가능성이 있는가? 이것은 언제나 상상력의 부족을 드러낼 위험이 있기 때문에 하기 어려운 질문이다. 물리학자들, 철학자들, 수학자들 그리고 정보 과학자들이 이 질문과 수십 년간 씨름해 왔으나 믿을 만한 대안이 나타나지 않은 것으로 보인다. 그러나 이 장의 나머지 부분에서는 그래도 몇 가지 가능성을 살펴보기로 한다.

첫 번째로 떠오르는 아이디어는 어떤 숨겨진 영향 — 21세기 초 물리학자들의 눈에 숨겨진 — 이 앨리스에게서 밥으로 빛보다 빠른 속도로 전파되어 간다는 것이다. 좀 놀랍지만 이것이 비상대론적 물리를 다루는 교과서들이 벨 테스트 실험을 설명하는 방식이다. 앨리스의 측정은 밥 측에 비국소적인 파동함수의 붕괴를 일으킨다. 이런 설명은 상대론과 호환되지 않지만 더 나은 방법이 없어서 우리는 이런 식으로 학생들을 가르친다.

존 벨이 일종의 음모가 있어서, 장막 앞으로 나타나지 못하는 어떤 일이 장막 뒤에서 벌어지고 있는 * 것처럼 모든 일이 일어난다고 했을 때도 그의 직관은 이런 숨겨진 영향을 가정한 것이다.

초광속은 이 속도가 특별한 관성계에 대해 상대적으로 명시되었다고 우리가 가설을 세워야 비로소 정의될 수 있다. 관성계란 일정한 속도로 좌표가 움직이는 계임을 상기하자.

특별한 관성계가 있다는 가정은 상대론의 정신에 위배되기 때문에 대부분의 물리학자들은 이를 불경스러운 일로 취급한다. 그러나 이 특별한 계의 가설은 사실 상대론과 모순되지 않는다. 오늘날의 우주론만 해도 그런 특별한 계를 포함하고 있는데, 즉 대폭발 때부터 우주의 질량중심점으로 취급된 그 계 말이다. 물리학자들은 우주 전체를 채우고 있는 대폭발의 자취인 마이크로파가 등방적으로 관측되는 계를 그 특별한 계로 생각해서, 심지어 놀랄 만한 정확도로 측정하기까지 했다. 이 계에 대해 상대적으로 지구는 초당 약 369킬로미터의 속도로 움직이고 있다.** 지구의 움직임의 방향 또한 잘 정의되어 있다.

그러므로 영향이 빛보다 빨리 퍼져나갈 수 있는 특별한 계의 가설은 처음부터 배제되어서는 안 된다. 이것이 비국소적 상관관계에 모종의 설명을 해

---

*   P. C. W. Davies, J. R. Brown (Eds.): *The Ghost in the Atom*, Cambridge University Press (1986), pp. 48-50.

**   Lineweaver, C., et al.: *The dipole observed in the COBE DMR 4 year data*, Astrophys. J. **38**, 470 (1996), http://pdg.lbl.gov.

줄 수 있을까? 만일 그렇다면 그런 상관관계는 전혀 비국소적이지 않을 것이다. 왜냐하면 우리는 국소적 설명, 즉 한 점에서 다른 점으로 공간을 통해 퍼져가는 메커니즘을 발견한 것일 테니까. 그러나 이 가설적인 특별한 계가 어떤 것인지 모르는데 어떻게 이런 가설을 테스트할 수 있을까? 이런 테스트를 하는 아이디어는 국소성 맹점을 테스트할 때와 같다. 앨리스와 밥이 선택을 하고 가설적인 영향이 제시간에 도착하기 전에 동시에 결과를 얻는 것이다. 두 사람을 상당히 멀리 떼어놓거나 동기화기술을 개선해야 한다. 어려운 점은 앨리스와 밥이 동기화하는 계를 명시하는 것이다. 왜냐하면 상대론에 따르면 한 계에서 그들이 동기화되어도 다른 계에서는 어긋나게 되기 때문이다. 속도가 빛의 속도보다 느리거나 같으면 이 문제는 사라지는데, 한 계에서 빛이 제시간에 도착하지 못하게만 하면 임의의 다른 계에서도 제시간에 도착하지 못한다. 그러나 더 빠른 속도라면 앨리스와 밥이 동기화될 수 있는 계를 알아야 한다.

미국의 버클리대학 근처 로렌스버클리 국립연구소LBNL에서 일하고 있는 스위스 물리학자 에버하드Philippe Eberhard는 모든 가능한 가상적 좌표계를 한번에 테스트할 수 있는 반짝이는 트릭을 생각해냈다. 그의 아이디어는 상당히 간단하다. 궁금한 독자는 상자 11에 나와 있는 요약을 참고하라. 이 아이디어는 앨리스와 밥을 동서로 떨어뜨려 놓고 지구의 24시간 회전을 사용한다는 사실만 짚어 두고 넘어가자.

이 실험은 우리 그룹에 의해 제네바에서 가까운 서쪽의 사티그니Satigny와 동쪽의 주씨Jussy 사이에서 이루어졌다. 실험은 지구가 반 바퀴를 도는 12시간 동안 지속되었으며 4번 반복되었다.* 이탈리아의 한 그룹도 비슷한 실험을 했다.** 이 실험결과들의 해석은 그 가상적인 관측계에 대한 지구의 속도에 따라 달라지는데 그 속도는 물론 알려져 있지 않기 때문에 좀 복잡하다. 이 속도가 지구의 우주 중심에 대한 속도보다 느리다고 가정하면 이 실험은 빛의 속도보다 5만 배 빠른 영향의 가능성까지 배제할 수 있다. 이 정도면 이미 우리가 인지할 수 있는 정도를 훨씬 능가하는 엄청난 속도이므로 물리학자들은 그런 영향은 없다고 결론짓는다. 그러므로 아인슈타인의 유명한 표현인 원거리 유령작용과 같은 것은 없다. 다시 한번 말하지만 비국소적 상관관계는 어떻게든 시공간 밖에서 생겨난다.

그러나 빛의 속도의 5만 배가 충분하지 않을지도 모른다. 아마도 우리는 빛의 속도의 백만 배까지 배제하기 위해서 더 높은 정밀도로 실험을 반복해야 할지도 모른다. 공기 중에서의 소리의 속도가 빛의 속도의 백만 분의 일 정도 (340m/s 대 300000km/s)라는 사실을 상기해 보면, 소리의 속도, 빛의 속도 다음으로 중요한 속도가 다시 한번 백만 배가 아닐 이유가 없지 않은가?

상자 11. 사티그니 - 주씨 실험

앨리스와 밥이 동서축 상에 있고 그들의 측정은 그들의 시계로 따져서 동시라고 하자. 즉 그들은 제네바와 같이 움직이는 계에서 동시이다. 지구가 그 축을 중심으로 회전하므로 제네바 계는 매번 바뀐다. 그러나 이 변화는 매우 느리므로 측정을 하는 동안에는 무시할 만하다. 상대론에

---

* Salart Subils, D., Baas, A., Branciard, C., Gisin, N., Zbinden, H.: *Testing the speed of "spooky action at a distance"*, Nature **454**, 861-864 (2008).

** Cocciaro, B., Faetti, S., Fronzoni, L.: *A lower bound for the velocity of quantum communications in the preferred frame*, Phys. Lett. A **375**, 379-384 (2011).

우리는 특별한 계에 대해 무한한 속도로 여행하는 영향에 대해서도 고려해 봐야 한다. 이것은 사실 봄David Bohm이 (내가 태어난 해인) 1952년에 보였듯이 수학적으로 가능하다.* 그러나 이런 가설은 임의의 공간을 순간적으로 연결하는 영향을 가정한다. 그러나 영향이 임의의 먼 지역을 순식간에 연결할 수 있다면 도대체 우리는 공간을 어떤 식으로 이해해야 할까? 이런 영향을 비국소적 상관관계의 설명으로 받아들인다는 것은 이런 영향이 공간을 퍼져나가는 것이 아니라 우리 공간의 바깥으로 거리 0인 지름길을 따른다는 말이나 다름없다. 나에게는 이런 가설이 설득력이 없다.** 이런 대안을 호의적으로 검

---

* Bohm, D.,: *A suggested interpretation of the quantum theory in terms of 'hidden' variables*, Phys Rev. **85**, 2 (1952).

** 전달 없이 하는 통신을 피하기 위해서 봄의 모델은 우리가 영원히 알 수 없는 어떤 변수들이 있

토하고 있는 철학자들이 꽤 있다고 하는데, 관심이 있는 물리학자들은 거의 없다.

　어떤 이론가들은 가설적 영향의 속도 하한을 주는 데 그치는 이런 실험의 어려움을 극복하고자, 적당한 가정 하에서는 숨겨진 초광속 영향이 반드시 빛보다 빠른 통신을 야기한다는 점을 보이려 했다.* 이것은 상대론에 의해 금지되어 있으므로 어떤 속도로든 숨겨진 영향은 없다고 결론 내릴 수 있을 것이다. 이것은 초광속 숨은 영향을 포함하는 어떤 가설도 한방에 영원히 날려보낼 수 있는 풍요로운 연구 프로그램이다. 우연히도 이 책을 쓰는 동안 한 그룹의 이론가들이 용케도, 유한한 속도로 전파하는 어떠한 영향도 비국소성을 해설할 수는 없음을 보였다(10장 참조).

다고 가정한다. 그러나 직관적으로 영원히 알 수 없는 변수란 물리적이지 않다. 흥미롭게도 봄 자신은 이렇게 썼다. 양자적 비국소성이 유한한 속도로 전파되어 나가는 것이 가능하기는 하다. 그러나 빛보다 훨씬 빠른 속도로 전파되어야만 한다. 이 경우 우리는 (그러니까 아스뻬 실험 형태의 확장판으로) 현 양자이론의 예측에서 벗어나는 관측을 기대할 수 있다. D. Bohm and B. J. Hiley, *The Undivided Universe*, Routledge, London and NY 1993 (페이퍼백판 347쪽) 참조.

* Scarani, V., Gisin, N.: *Superluminal hidden communication as the underlying mechanism for quantum correlations. Constraining models*, Brasilian Journal of Physics **35**, 328-332 (2005); Bancal, J.D., Pironio, S., Acin, A., Liang, Y.C., Scarain, V., Gisin, N.: *Quantum nonlocality based on finite-speed causal influences leads to superluminal signaling*, Nature Physics **8**, 867 (2012).

앨리스와 밥은 각자 상대방보다 먼저 측정한다

물리학자들이 비국소성을 피할 수 있는 방법을 어떻게 찾아왔는지 보여주는 다른 아이디어를 하나 간단히 소개하겠다. 수아레즈Antoine Suarez와 스카라니 Valerio Scarani가 제시한 가설*에 따르면 앨리스의 상자가 결과를 줄 때 나머지 우주에, 특히 밥의 상자에 초광속으로 알린다. 그리고 밥도 앨리스에게 똑같이 한다. 그러므로 먼저 결과를 낸 쪽이 상대방에게 알리고 상대방은 이전 절에서 설명한 바와 같이 이를 이용해 벨 게임에서 이긴다. 그러나 이 가설에 따르면 초광속은 어떤 우주의 특별한 계에 대해 상대적으로 정의된 것이 아니라 빛을 보내는 상자가 정지된 계에 대해서 정의되어 있다. 사실 각 상자와 특히 각 측정 장비는 이런 식으로 관성계를 정의하며, 이런 계들이 그들이 보내는 정보의 속도를 결정한다는 아이디어의 결과를 탐구하는 것은 흥미롭다.

이런 가설은 테스트하기 힘들어 보인다. 사실 1997년에 수아레즈와 스카라니가 그들의 가설을 제시했을 때 그것은 그 당시까지 수행된 모든 실험들과 일치했다. 그러나 앨리스와 밥이 각자의 상자를 가지고 매우 빠른 속도로 멀어져 가고 있는 상황, 따라서 앨리스 상자의 정지계와 밥 상자의 정지계가 다른 상황을 고려해 보자. 아인슈타인의 상대론에 따르면 두 사건의 발생순서는 어떤 계에서 보느냐에 따라 달라질 수 있다. 그러므로 우리는 위 실험을 앨리스의 계에서는 앨리스가 밥보다 먼저 선택을 하고 결과를 얻으며, 밥의 계에

---

* Suarez, A., Scarani, V.: *Does entanglement depend on the timimg of the impacts at the beam splitters?*, Phys. Lett. A **232**, 9 (1997).

서는 밥이 앨리스보다 먼저 선택을 하고 결과를 얻도록 실험을 구성할 수 있다. 앨리스와 밥 두 사람이 서로 다른 사람보다 먼저 행동하므로 물리학자들은 선-선 실험이라 부른다. 상대론의 마술은 양자이론의 마술을 테스트하기 위해 사용될 수 있는 것이다.

선-선 실험을 수행하는 데 있어서 어려움은 사건들의 시간적 순서가 두 계에서 거꾸로 되도록 앨리스와 밥의 상자들을 충분히 빠르게 움직이는 일이다. 이것은 어려운 일이지만 적어도 이론상 불가능하지는 않다. 앨리스의 실험실 전체를 우주선에 실어 보내는 것은 현실적이지 않을 것이다. 그러나 정말로 확률적인 사건이 일어나는 중요한 부속을 움직이는 것으로 충분할 것이다. 제네바에서의 첫 실험*에서 우리는 측정기를 분당 10,000바퀴의 속도로 돌아가는 원판에 올렸는데, 이 원판의 가장자리의 순간속도는 380km/h 혹은 약 100m/s였다.** 빛의 속도는 300000km/s이므로 상대론적 관점에서 보면 이 속도는 좀 느리게 느껴진다. 그러나 만일 앨리스와 밥이 10km 이상 떨어져 있다면, 동기화만 잘 시키면 선-선 상대론 효과를 얻을 수 있다. 이 실험은 수아레즈와 스카라니의 가설을 격파했다(그러나 약간 약점이 있는 것이, 원판이 진

---

* 이 실험은 Fondation Marcel et Monique Odier de Psycho-Physique로부터 자금을 지원받아 진행되었다. 마르셀 오디에르는 물리학 석사와 수학 박사 학위가 있고, 그 가족 사설은행의 5세대 대표이다.

** Stefanov, A., Zbinden, H., Gisin, N., Suarez, A.,: *Quantum correlation with moving beamsplitters in relativistic configuration*, Pramana (Journal of Physics) **53**, 1-8 (1999); Gisin, N., Scarani, V., Tittel, W., Zbinden, H.: *Quantum nonlocality: From EPR-Bell tests towards experiments with moving observers*, Annalen der Physik **9**, 831-842 (2000).

짜 측정기가 아니라 흡수기를 달고 돌았으며, 앨리스의 결과에 해당하는 광자가 흡수되었는지 아닌지에 대한 정보는 다른 간섭계의 출구에 위치한 또 하나의 측정기에서 읽혔다).

이 실험을 면밀히 따라가고 있던 수아레즈는 즉각 움직여야 하는 것은 측정기가 아니라 간섭계의 마지막 광분배기라고 선언했다. 수아레즈에게는 이 거울이 선택의 결과가 최종적으로 결정되는(이것이 진정으로 확률적인 방식으로 수행되어야 함을 이제는 이해할 것이다) 부품, 즉 선택도구였다. 그러나 문제는 그렇게 빨리 움직이는 광분배기를 어떻게 구할 것인가였다. 이 문제는 쉽게 해결됐는데, 내 동료인 츠빈덴Hugo Zbinden이 오래 지나지 않아 이에 대한 답을 내놓았다. 그는 결정 내에서 전파되는 음파를 사용하자 고 제안했다. 이런 음파는 약 2.5 km/s의 속도로 전파되기 때문에 이 실험은 실험실에서 할 수 있다. 다시 한번 양자이론은 확증을 받았다. 움직이는 거울로도 앨리스와 밥은 벨 게임에서 4번에 3번 이상 이겼다.* 힘든 며칠을 보낸 후 수아레즈는 결과를 받아들여야만 했다. 그들의 이론은 비록 받아들여지지 않았지만 그들은 그럴듯한 과학적 이론을 제시한 것을 자랑스러워 해야 할 것이다.

---

* 수아레즈가 우리의 결과를 들었을 때 그는 즉시 제네바로 와서 학생이 실험장치를 잘못 구성했음을 알아차렸다. 즉 거울은 서로 멀어지는 대신 가까워지고 있었다! 그리고 우리 중 아무도 이걸 눈치채지 못했다. 우리는 우리 자신이 자랑스럽지 않았다! 실험은 수정된 후에 반복되었는데, 그래도 결과는 같았다.

초결정론과 자유 의지

자, 그럼 더 발견할 것은 뭐가 남았는가? 다소 필사적인 가설 하나가 있다고 한다면 앨리스와 밥이 자신들의 상자의 조이스틱을 움직이는 방향을 자유롭게 선택할 수 있다는 사실을 부정하는 것이다. 이것은 자유의지의 존재를 부정하는 것에 해당한다. 사실은 앨리스가 자유로운 선택을 하는 것이 아니라 미리 정해진 방향으로 조이스틱을 움직이도록 프로그램되어 있다면, 밥 혹은 그의 상자가 앨리스의 선택을 이미 알고 있다고 상상할 수 있다. 이 경우 우리는 앨리스의 결과가 미리 결정되어 있으며 그래서 모든 것을 알고 있는 밥은 쉽게 벨 게임에서 이길 수 있다. 밥은 심지어 확실히, 즉 양자역학이 허락하는 것보다도 더 많이 이길 수도 있다.*

자유의지의 존재를 부정하는 것은 얼마나 이상한 제안인가. 비국소성의 개념이 우리가 그렇게 친밀하고도 익숙한 그 무엇을 부정해야 할 정도로 충격적인 것인가? 우리는 수학, 물리, 화학을 배우고 다른 학문들도 공부할 수 있지만, 우리의 가장 친숙한 경험이 우리에게 말해 주는 만큼 수식이나 역사적 사실 혹은 화학반응을 잘 알 순 없다. 내 견해로는 이것은 인식론의 기본 오류에 불과하다.

만일 우리에게 자유의지가 없다면 우리는 절대 자연과학 이론을 테스트할 수 없을 것이다. 우리는 물체들이 공중에서 날아다니는 경향이 있지만 떨어질

---

* 더구나 이런 거대한 음모에는 앨리스와 밥의 외관상 자유의지가 벨 게임에서 정당하게 이기는 방법에 연관되도록 극단적으로 정밀한 조율이 필요하다.

때만 보도록 프로그램되어 있는 세상에서 살고 있을 수도 있다. 나는 당신이 자유의지를 가지고 있다는 증명을 할 수 없음을 인정하지만, 나는 확실히 자유의지를 즐기고 있으며 당신은 절대 그 사실이 틀렸다고 증명할 수 없을 것이다. 이런 식의 토론은 종종 제자리를 맴돌게 된다. 이런 것은 논리적으로는 가능하지만 나만이 세상의 유일한 인간이며 다른 사람들은 모두 나의 마음속에 살고 있는 환상일 뿐이라고 주장하는 유아론처럼 매우 따분하다.

이 초결정론의 가설은 언급할 가치가 없으며 많은 물리학자들이, 심지어 양자물리의 전문가들조차도 양자물리의 진정한 무작위성과 비국소성 때문에 절망 상태에 빠지는 정도를 보여주기 위해 이야기할 따름이다. 그러나 나에게는 상황이 매우 명료해 보인다. 즉 자유의지는 존재할 뿐 아니라 이것은 과학과 철학 그리고 우리가 의미 있게 이성적으로 생각하는 능력의 전제조건이다. 자유의지 없이는 이성적 사고란 없다. 따라서 과학과 철학에서 자유의지를 부정하는 것은 그냥 불가능하다. 뉴턴 역학이나 일부 양자이론의 어떤 해석의 예에서 보듯이 어떤 물리이론들은 결정론적이다. 이런 이론들을 독단적이고 종교적인 태도로 궁극적 진리의 반열에 올리는 것은 직접적 논리의 오류에 해당한다. 왜냐하면 이들이 우리의 자유의지 경험과 위배되기 때문이다. 뉴턴은 자신의 이론이 모든 것을 설명한다고 주장한 적이 결코 없음을 상기하자(그리고 이것은 절대 그가 겸손해서가 아니다). 전혀 반대로 그는 비국소적 원거리 인력을 말하는 그의 중력이론이 불합리하다는 점을 명백히 지적했으며, 그러나 적어도 계산에는 쓰일 수 있다고 말했다. 뉴턴의 이론을 준종교적 위치로 올려놓은 것은 라플라스였는데 그는 이런 유명한 주장을 했다.*

어떤 순간 자연을 움직이게 하는 모든 힘과, 자연을 구성하는 모든 물체의 상대적 위치를 아는 지성이, 또한 이 데이터들을 분석할 어마어마한 능력을 지녔다면, 하나의 공식에 가장 거대한 물체의 운동과 가장 작은 원자의 운동을 함께 넣을 수 있을 것이다. 그런 지성에게 불확실한 것은 아무것도 없으며 미래는 과거와 마찬가지로 그의 눈앞에 현존한다.

양자 역학의 역사는 달랐다. 양자역학의 아버지인 닐스 보어는 어떠한 자연이론도 그럴 수 없음에도 불구하고 언제나 그의 이론의 완전성을 주장했다.

앨리스가 자유롭게 선택하는 가능성을 부인하는 것은 분명히 자연의 타당성을 부인하는 것에 해당한다. 그러니 이런 필사적인 가설은 옆으로 제쳐두기로 하자. 이것들이 과학이 앞으로 나아가거나 우리에게 자유의지에 대한 더 나은 이해를 주는 것을 막아서는 안 되겠지만, 나는 과학이 이 특별한 논의를 완전히 끝장낼 수는 없을 것이라 확신한다. 그리고 이 장을 더 가벼운 기분으로 끝내기 위해 뉴턴의 말을 이해하기 쉽게 다른 말로 표현해 보자. 자유의지가 환상이라는 것, 그래서 다른 어떤 것의 중재도 없이 작용과 힘이 여기서 저기로 전달되는, 빈 공간을 통한 원거리의 비국소적 상관관계의 존재를 한 인간이 확신하게 된다는 것이 나에게는 대단히 불합리하게 보이며, 그래서 나는 철학적 문제에 있어 우수한 사고 능력이 있는 사람이라면 결코 이런 사고에 빠지지 않을 것이라고 믿는다.

* Laplace, P.-S.: *Essai Philosophique sur les probabilités*, Bachelier (1814).

실재론

이 장을 마치기 위해 다른 필사적인 가설, 즉 실재론의 부정을 고려해 보자. 그런데 도대체 이것이 실제로 뜻하는 바가 무엇이며 우리의 논의에 어떤 도움이 되는가?*

1990년 이전에는 비국소성이나 벨의 부등식을 언급하는 논문을 일류 학술지에 게재하는 것이 거의 불가능했다. 양자물리의 창시자들은 이 새로운 물리를 도입하기 위해 열심히 싸워야 했으며, 뉴턴 물리의 지지자들은 오랫동안 그들이 치열하게 경쟁하게 만들었다. 그 다음 세대도 비록 반대자가 극히 적기는 했지만 투쟁을 계속했다. 얽힘과 비국소성의 응용이 물리학계로 하여금 양자물리의 이런 양상에 대해 신선한 — 그리고 무엇보다도 편견 없는 — 평가를 내리도록 강요하게 되는 1990년대 초 이전까지 그들은 이런 식으로 더 이상의 진보가 가능하거나 필요하지 않다고 확신하게 되었다.** 그러나 한 가지 특별한 버릇이 견고해졌는데, 그것은 다름이 아니라 국소 변수 대신 국소

---

* 어떤 물리학자들에게는 실재론이 결정론을 의미한다. 그러나 우리는 비국소성이 필수적으로 무작위성을 의미함을 보았다. 그러므로 우리는 진정한 무작위성과 함께 공존하는 실재론의 개념을 찾아야 한다.

** 이런 맥락에서 모든 물리학술지가 양자암호통신의 첫 논문을 게재하길 거부했다는 것은 흥미로운 사실이다! 이런 이유로 이 논문은 인도에서 열린 전산학회의 초록집에 실렸다. 이런 사실은 외부사람이 보기에는 다소 놀랍겠지만 경험이 많은 물리학자들은 특별히 독창적인 아이디어를 출판하는 것이 어렵다는 것을 모두 안다. 학계의 회의론의 장벽을 넘어서야만 하는데, 이 장벽은 이미 잘 확립된 사실들과 잘 맞지 않는 아이디어들을 제거하는 본질적인 필터의 역할을 한다.

실재론에 대해 체계적으로 말하고 쓰는 관행이다. 나는 이것이 깊은 사색의 결론이 아니라, 심사숙고하여 고른 단어 선택의 문제가 아닌가 의심한다.

오늘날 어떤 집단에서는 비국소성과 비실재론 중 하나를 선택할 수 있다고 말하는 게 유행이다. 이런 이야기를 들었을 때 가장 먼저 해야 하는 일은 비실재성이 의미하는 바가 무엇인지를 명확하게 정의하는 것이다(비국소성이 국소적인 실체만으로 기술될 수 없는 것을 의미함을 기억하고서).* 불행하게도, 나에겐 비실재성이 무엇인지 말할 능력이 없다. 나의 느낌은 그것이 심리학적으로 모면할 구실에 불과하지 않은가 하는 것이다. 사이렌이 울리면 핵 벙커로 사라질 준비가 되어 있는 스위스 사람들처럼 비국소성을 받아들일 수 없는 사람들이 일종의 지적 피난처로 피한다. 그래도 좋지만 언젠가는 그들도 밖으로 나와야만 한다.

그러나 정말로 가능한 결론이 없을까? 아니다! 벨 게임으로 잠시 돌아가 보자. 앨리스와 밥의 선택은 그들의 결론만큼이나 실재여야 한다. 물리학자들과 컴퓨터 과학자들은 앨리스와 밥의 상자의 입력과 출력이 고전적 변수, 즉 인식되고 복사, 저장, 인쇄될 수 있는 숫자(비트), 한 마디로 양자적 비결성성에 전혀 종속되지 않는 완전히 구체적인 개체라고 말할 것이다. 앞 절에서 우리는 이미 자유 선택(입력)이 단순히 환상일 수 있다는 가설에 대해 논의했었다. 그런데 상자가 만들어내는 결과(출력)는 어떤가? 이 결과물들이 실재가 아닐 수 있는가? 만일 이 결과물들이 단순히 우리의 마음에서 일어나는 환상이라면 우리는 일종의 유아론에 대한 초점 없는 논쟁으로 돌아간 것이다. 그

* Gisin, N.: *Non-realism: Deep thought or a soft option?*, Foundations of Physics **42**, 80-85 (2012).

러나 이런 말을 하면 정확히 언제 이런 결과들이 만들어지는지 진지하게 알고 싶어진다. 상자들이 서로 영향을 미치는 것을 막기 위해서 이 결과들은 어떤 가능한 영향도 도달하기 전에 생성되어야 한다. 이론상, 우리는 두 상자를 충분히 멀리 떨어뜨려 놓기만 하면 되지만 실제로는 이것이 그리 간단치 않다. 사실 양자물리는 언제 측정의 결과가 생성되는지에 대해 다소 모호하다. 대부분의 실험학자들에게 결과는 광자가 탐지기 표면을 수 마이크론 정도 통과해서 전자들의 눈사태를 유발시키자마자 생기는 것이다. 그러나 어떻게 확신할 수 있는가? 어쩌면 마지막 단계의 증폭을 기다려야 할 수도 있다. 혹은 컴퓨터 메모리에 결과가 기록되는 때라고 주장할 수도 있다. 혹은 인간의 기억장치에 기록될 때? 이 마지막 아이디어에 관해서 존 벨은 웃음을 터트리면서 이 인간 기억장치가 박사학위를 가진 물리학자의 것이어야 하냐고 물었다!

양자물리가 정확히 언제 결과가 생성되었는지 우리에게 가르쳐 주지는 않지만, 광자가 측정기를 만난 때보다는 이후이며 우리가 그걸 눈치 채기 훨씬 전임은 명백하다. 그러므로 여기에 매우 작기는 하지만 가능한 맹점이 있다. 결과는 실험자가 상상하는 것보다 훨씬 뒤에 만들어지며 어떤 미묘한 형태의 통신이 이 점을 이용해서 앨리스와 밥의 상자 사이에서 이루어질 가능성이 존재한다.*

디요시Lajos Diosi와 펜로즈Roger Penrose 두 물리학자는 각각 독립적으로 측정기간을 중력효과에 연결시키는 이론 모델을 발전시켰다.** 이 모델들은 거

---

*   Franson, J.D.: *Bell's theorem and delayed determinism*, Phys. Rev. D **31**, 2529-2532 (1985).

** Penrose, R.: *On gravity's role in quantum state reduction*, General Relativity and Gravitation **28**,

의 같은 예측을 준다. 이를 테스트하기 위해서는 밥이 그의 광자탐지기가 소리를 내자마자 매우 빨리 무거운 물체를 움직여야 한다. 최근에 제네바대학의 우리 그룹에서 이런 모델들과 이들이 벨 게임에서 가지는 의미를 테스트했다. 결과는 양자이론과 완벽히 일치했다. 디오시 모델이나 펜로즈의 모델 모두 비국소성을 벗어나는 방법을 주지 못한다.[*] 그러므로 양자적 비국소성은 확실히 탄탄한 개념으로 여겨지고 있다.

다중우주

일련의 양자 물리학자들 사이에서 유행한 마지막 탈출구는 도대체 측정의 결과란 것 자체가 없다고 가정한다. 이 가설에 따르면 우리가 N가지 가능한 결과가 있는 측정을 행한다는 환상을 가질 때마다, 우주가 모두 다른 결과를 갖고 있으며 또한 똑같이 실재적인 N개의 가지로 갈라진다. 실험도 N개의 복사본으로 갈라지고 각자가 N개의 가능한 결과 중 하나를 본다. 이것이 다중세계 해석 혹은 다중우주 해석으로서, 우리의 단순한 우주를 가정하는 해석과

581-600 (1996); Diosi, L.: *A universal master equation for the gravitational violation of the quantum mechanics*, Phys. lett. A **120**, 377 (1987); Adler, S.: *Comments on proposed gravitational modifications of Schrödinger dynamics and their experimental implications*, J. Phys. A **40**, 755-763 (2007).

[*] Salart, D., Bass, A., Van Houwelingen, J.A.W., Gisin, N., Zbinden, H.: *Spacelike separation in a Bell test assuming gravitationally induced collapses*, Phys. Rev. Lett. **100**, 220404 (2008).

대조된다. 여기서는 진정한 무작위성의 필요성을 피할 수 있으므로 이 해석의 지지자들은 그들의 해가 가장 간단하다고 주장하며, 여러 가지 선택이 가능하면 가장 단순한 것을 골라야 한다고 규정하는 오컴의 면도날의 원리에 따라 이 해석이 받아 들여져야 한다고 결론짓는다.

이 해석의 단순함에 대해서는 각자 자신만의 결론을 내릴 것이다. 내 경우에는 두 가지를 말하고 싶다. 우선, 어떤 이론적 혹은 실험적 증거가 있든 언제나 진정한 무작위성의 존재를 부정할 수 있다.* 이 무작위성이 자신을 드러낼 때마다 우주가 갈라지고 각 결과가 실제로 이 결과적인 평행우주 중의 하나에서 발현된다고 가정해야 할 뿐이다. 내게는 이것이 매우 즉흥적인 가설처럼 들린다.** 두 번째로, 다중세계 해석은 결정론의 전체주의적 형태를 의미한다. 사실 이 해석에 따르면 얽힘은 절대 깨지지 않으며 점점 더 퍼져가기만 한다. 그러므로 모든 것이 모든 것과 얽히게 되어 자유의지와 같은 것들이 있을 여

---

* 물론 여기서 속일 수는 있다. 언제나 전 미래를 결정하는 비국소적인 숨은 변수를 양자이론에 붙일 수 있다. 이런 매개변수들은 단순히 미래 그 자체일 수 있다. 이것들은 필연적으로 비국소적이며 우리의 현재 시각에서 숨겨져 있다. 솔직히 말해서 이런 것은 별로 내 흥미를 끌지 못한다. 다시 말하지만 이런 것은 말장난에 불과하다.

** 다중우주론의 추종자들은 그들의 이론이 국소적이라고 주장하는데, 하지만 어떤 의미에서 그렇다는 것인지는 분명하지 않다. 앨리스가 조이스틱을 움직일 때 그녀의 상자와 그 주변환경 전체는 두 개의 중첩된 가지로 갈라져야 하며 각각은 다른 것만큼이나 실재적이다. 밥에게도 비슷한 일이 일어난다. 앨리스와 밥의 주변환경이 만나면 그것들은 각각의 가지에서 벨 게임의 규칙을 준수하는 식으로 얽힌다. 이것은 슈뢰딩거 방정식에 의해 기술되는 동역학의 해석이어야만 하는데, 그러나 이것이 진정으로 이 아름다운 수식에 좀 흐리멍덩한 표현들을 부여하는 것 이상으로 무엇을 하는 것일까? 그것이 설명이 될 수 있는가? 그리고 무엇보다도, 이것은 정말로 국소적 설명인가?

지를 남기지 않는다. 상황은 뉴턴적 결정론보다 더 나쁘다. 후자에서는 모든 것이 국소적이며 논리적으로 분리되어 있다. 뉴턴의 이론은 그러므로 열린 세상, 현재가 미래를 완전히 결정하지는 않는 세상의 여지를 남긴다.* 사실 이런 희망은 양자이론의 출현과 함께 성취되었다. 비록 양자이론이 자유의지를 설명하기에는 아직 한참 부족하지만 말이다. 이와 비교하면, 다중우주론은 열린 세상에 대한 희망을 전혀 남기지 않는다.**

---

* 양자적 변수와 고전적 변수(예를 들어 측정 결과) 모두를 포함하는 이론에서 이것은 (실험자나 이전 측정의 결과인 퍼텐셜이 활성화시킬 수 있는) 고전변수의 조건에 따른 양자변수의 진화가 가능하도록 요구함으로써 만들어질 수 있다. L. Diósi: *Classical-quantum coexistence. A 'free will' test*, J. Phys. Conf. ser. 361, 012028 (2012); arXiv:1202.2472.

** Gisin, N.: *L'épidémie du multivers*. In: *Le plus grand des hasards. Suprises quantiques*, ed. by Dars, J.-F., Papillaut, A., Belin (2010).

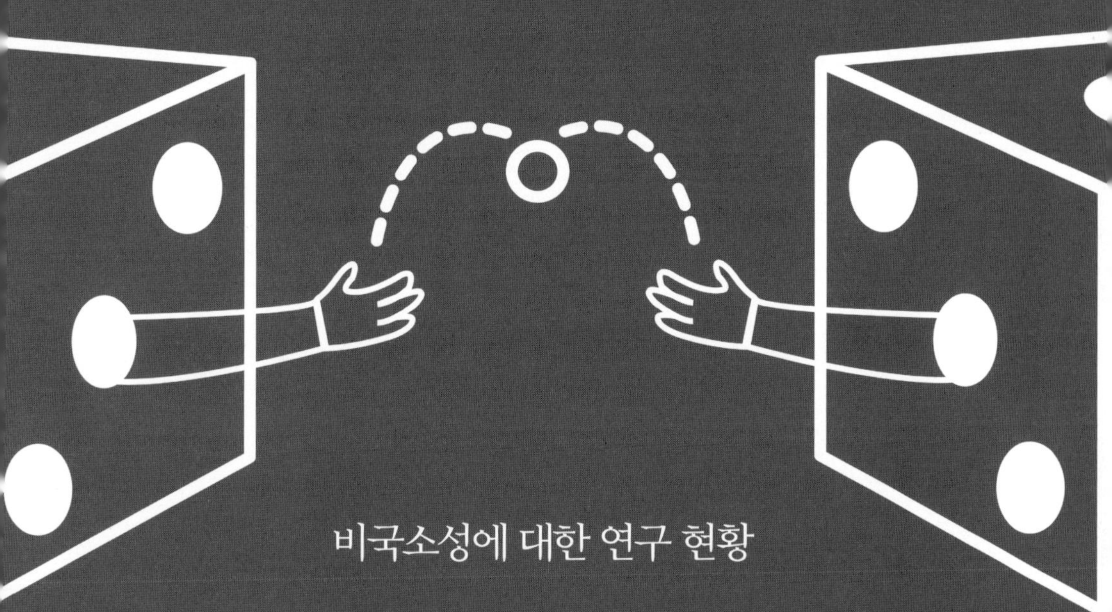

CHAPTER 10

비국소성에 대한 연구 현황

그러면 도대체 이 두 개의 시공간적 지역은 어떻게 다른 지역에서 무엇이 일어나고 있는지 아는 걸까? 이는 내게 매우 진지한 주제이다. 사실 이것은 현재 개념적 혁명의 핵심 주제이기까지 하다. 그런데 어째서 이 문제에 신경 쓰는 물리학자가 이토록 드문 것일까? 그리고 왜 이 질문이 EPR 패러독스가 출간된 1935년과, 에커트가 이 상관관계가 암호통신에 사용될 수 있다는 것을 보인 1990년대 초 사이에서 깡그리 무시된 것일까?* 이유는 복잡하다. 1935년에 물리학자들은 이전에는 설명할 수 없었던 다수의 새로운 현상을 설명하는 길을 갑자기 열어 준 양자물리로 인해 해야 할 일이 많았다. 얽힘과 비국소성은 기다릴 수 있었다. 그리고 양자역학이 완전한 이론이라고 큰 소리로 명백하게 선언함으로써 막 시작된 호기심을 억눌러 버린 보어와 그의 코펜하겐 학파의 영향도 있었다.

이 새로운 물리의 성공에 물리학자들은 한참 동안 넋이 나가 있었기 때문에 그런 주장의 불합리함은 조금씩 점차적으로 밝혀질 수밖에 없었다. 사실 어떤 과학 이론이 완전할 수 있단 말인가? 그런 주장은 우리가 더는 발견할 것이 없어서 그 이상 연구할 것이 없는 상태가 되는 완전한 이론에 다가가고 있다고 가정하고 있다. 얼마나 끔찍한 생각인가! 그러나 역사를 통해서 보면, 특히 지난 두 세기 말을 보면 이런 가능성을 믿는 사람들이 있었다. 노벨 물리학상 수상자 스티븐 와인버그가 지은 책 제목인 마지막 이론에의 꿈 이 좋은 예이다.** 오늘날에도 모든 것의 이론을 진지하게 말하는 사람들이 있는데, 약자

---

*   Ekert, A.: *Quantum cryptography based on Bell's theorem*, Phys. Rev. lett. **67**, 661-663 (1991).

** Weinberg, S.: *Dreams of a Final Theory: The Scientist's Search for the Ultimate Laws of Nature*,

로 TOE라고 쓰는 이 모든 것의 이론Theory of Everything은 그 자체로 다소 조롱
거리이다. 분명히 이건 우리가 이미 갖고 있는 이론은 아니며 중대한 환상이
다.

1990년대 초에 새로운 세대의 물리학자들의 노력 그리고 이들과 같이 연
구한 전산이론 학자들이 시너지 효과로 흥미롭고 매력적인 이론을 만들어낸
덕분에 상황은 달라졌다.*

비국소성을 어떻게 '잴' 것인가?

이제 양자적 비국소성의 존재는 기반이 굳게 다져져서 물리학자들이 이를 갖
고 놀기 시작했다. 이들은 갖고 놀기를 좋아해서 진지한 사람들은 이들을 꽤
나 거슬려 하기도 한다. 그러나 아이들의 장난감이든 과학적 개념이든 새로운
것은 갖고 놀아 봐야 그것과 진정으로 친숙해질 수 있는 법이다. 그러므로 갖
고 놀아 보자! 독자들은 이 책 전체도 하나의 게임, 즉 벨 게임을 중심으로 돌
아가고 있음을 눈치 챘을 것이다. 그리고 이 게임 덕분에 우리는 양자 물리의
핵심이자 가장 놀라운 특성인 비국소성에 곧바로 접근할 수 있었다.

물리학자들 간의 또 하나의 강박관념은 뭐든지 정량화하는 것, 즉 재 보

Vintage (1994).

* Rothen, F.: *Le monde quantique, si proche et si étrange*, Presses polytechniques and universitaires romandes (2012); Gilder, L.: *The age of entanglement*, Alfred A. Knopf (2008).

려는 것이다. 비국소성이란 물론 무게가 있는 것도 아니지만 측정을 해서 두 개의 비국소성의 형태 가운데 어떤 것이 더 크다든가 깊다고 말할 수 있는 것은 중요하다. 비국소성에 대해서는 물리학자들이 아직 좋은 척도를 발견하지 못했다. 비국소성의 어떤 측면을 연구하느냐에 따라 측정하는 방법이 달라지는 것처럼 보인다.* 이건 이 개념을 우리가 충분히 이해하지 못하고 있다는 명백한 신호이다.

얽힘의 양을 측정하자는 아이디어도 자연스럽다. 이 경우는 아직 많은 문제가 남아 있기는 하지만 1990년부터 많은 발전이 있었다. 이런 상태에 대해 실망해야 할까? 물론 아니다. 아직 발견할 것이 많다는 신호일 뿐이다.

왜 벨 게임에서 매번 이길 수는 없는가?

양자물리는 우리가 벨 게임에서 평균 400번에 341번, 즉 앨리스와 밥의 상자가 그들의 결과를 국소적으로 줄 때에 기대되는 결과인 4번에 3번보다 훨씬 자주 이기게 해 준다. 이것은 물리학자들에게 너무나 매력적이어서 몇 세대 동안 왜 물리가 벨 게임에서 매번, 그러니까 400번에 400번 모두 이기게 해 주지 않는지는 고려대상이 아니었다. 만일 자연이 비국소적이라면 왜 벨 게임에서 매번 이길 수 없는 걸까? 무엇이 물리로 하여금 우리가 벨 게임에서 매번

---

*   Méthot, A., Scarani, V.: *An anomaly of nonlocality*, Quantum Information and Computation 7, 157–170 (2007).

이길 거라고 예상하지 못하게 하는 것일까?

이런 유치하고 단순한 질문이 1990년대에 와서야 처음으로 제기되었으며 21세기에 들어서야 연구주제가 되었음은 흥미로운 사실이다. 최근까지의 질문은 오직 이것이었다. 어떻게 자연(혹은 이런 표현을 선호한다면 양자물리)이 비국소적인가? 오늘날 많은 과학논문들이 양자적 비국소성에 국한하지 않고 일반적인 비국소성의 결과를 연구하고 있다. 기본적인 아이디어는 양자물리가 제시하는 바보다 더 넓은 맥락에서 있는 그대로를 외부시각에서 연구함으로써 양자물리를 제한하는 것이 무엇인지를 묻자는 것이다.

물리학자들이 이 탐구를 위해 발명한 첫 이론적 장난감은 발명자인 포페스쿠Sandu Popescu와 로리치Daniel Rohrlich의 이름을 딴 PR상자쌍이었다.* 우리에겐 이 PR상자쌍이 다소 친숙하게 다가오는데, 앞에서 논의했던 앨리스와 밥이 벨 게임에 사용했던 상자들과 유사하게 보이기 때문이다. 단지 PR상자를 사용하면 앨리스와 밥이 벨 게임을 4번 해서 4번 다 이길 수 있다는 것이 차이점이다. 아무도 이런 상자를 어떻게 만들어야 하는지 모르기 때문에 이 상자들을 살 수는 없다(4번에 3번 이상 이기게 해 주는 양자 상자와는 달리).** 그러나 살 수 없다고 물리학자들이 그걸 갖고 놀지 못하는 것은 아니다. 그러므로 PR상자는 관념적인 장남감 내지 도구이다.

PR상자의 용도를 설명하기 위해 두 가지 예를 들어 보겠다. 첫 번째는 양자적 상관관계의 시뮬레이션이다. 우리는 이미 양자물리가 우리에게 한 계에

---

*   Popescu, S., Rohrlich, D.: *Nonlocality as an axiom*, Found. Phys. **24**, 379 (1994).

**   www.qutools.com

서 두 개 이상의 측정(그림 5.1 참조)을 허락한다는 것을 배웠다. 벨 게임을 위해서는 두 개의 측정이면 충분하지만 물리학자들은 무한대로 많은 가능한 측정 중에서 선택할 수 있다. 그렇다면 이런 무한대의 가능성을 이해하기 위해서는 훨씬 많은 비국소성이 있어야 하는가? 아직 밝혀지지 않은 세부적인 것들은 논의에서 제외하더라도, 한 쌍의 PR상자로 두 개의 얽힌 양자 비트에 해당하는 모든 양자 상관관계를 시뮬레이션할 수 있다는 사실만 말하기로 하자.* 이것은 좀 놀라운 사실이다. 우리는 전달 없는 통신은 허용하지 않으면서도 단순한 혹은 기본적인 상관관계는 만들어낼 수 있는 PR상자 혹은 다른 상자들을 이용해서 모든 양자적 상관관계를 시뮬레이션할 수 있는가? 미스터리는 풀리지 않은 채 남는다.

PR상자 용도의 두 번째 예는 통신복잡성이론 분야에서 온다.** 목표는 어떤 임무를 수행하기 위해 통신해야 하는 비트의 수를 제한하는 것이다. 양자 얽힘은 통신해야 할 비트 수를 줄이는 방법을 제공하지 못함을 보일 수 있다. 그러나 만일 PR상자가 있다면 비트 수를 단 한 개의 비트로 제한할 수 있다! 간단히 말해서 통신복잡성을 사소한 문제로 만들 수 있다. 이것은 좀 추상적이기는 하지만 정말로 특이하다. 수억 개의 비트 대신 단 하나의 비트만 필요로 하는 것이다! 불행하게도 PR상자는 실제로 존재하는 사물이 아니다. 그리고 그 이유가 바로 통신복잡성을 하찮게 만들기 때문이라면? 사실 PR상자를

---

* Cerf, N.J., Gisin, N., Massar, S., Popescu, S.: *Simulating maximal quantum entanglement without communication*, Phys. Rev. Lett. **94**, 220403 (2005).

** Brassard, G.: *Quantum communication complexity*, Foundations of Physics **33**, 1593–1616 (2003).

보는 대다수의 정보이론가들의 시각이 이러하다. 그들에게는 통신복잡성이 사소해진다는 것은 물리학자들에게 초광속이 불가능한 것처럼 불가능한 일이기 때문이다. 그래서 이 불가능이 양자물리가 벨 게임에서 매번 이기게 허락하지 않는다는 사실에 대한 설명을 해 줄 수 있는가? 아닐 것이다. 그러나 이 문제는 아직 충분히 분석되지 않았다. 통신복잡성을 사소하게 하지 못할 만큼 잡음이 많지만 그래도 양자물리가 용인하는 정도보다 벨 게임에서 더 자주 이길 수 있게 해 주는 PR상자를 상상할 수도 있다.*

자 이제 다 왔다. 나는 너무 복잡한 설명 때문에 독자를 잃을 위험을 감수하면서까지 연구하는 물리학자로서의 나의 흥분과 현재 진행되고 있는 연구의 흥미를 독자들이 공감하기를 원했다. 이런 맥락에서 더 전문적인 연구 주제 세 개를 더 소개할까 한다. 다 이해하지 못 해도 별 문제 없다. 목적은 과거의 업적이 아닌 미래에 대해 좀 더 이해하자는 것뿐이니까.

두 부분 이상에서의 비국소성

진정한 무작위성은 두 곳에서 나타날 수 있다. 그런데 이 무작위성이 셋 혹은 천 개의 장소에서 동시에 나타날 수 있을까? 답은 뻔하지 않은데, 왜냐하면 모든 삼체 양자 상관관계가 이체 비국소적 무작위성의 조합으로 설명될 수 있을

---

* Brassard, G., Buhrman, H., et al.: *Limit on nonlocality in any world in which communication complexity is not trivial*, Phys. Rev. Lett. **96**, 250401 (2006).

지도 모르기 때문이다. 그러나 오늘날 우리는 그렇게 설명될 수 없으며 여러 곳에서 동시에 발현되는 무작위성을 필요로 하는 양자적 상관관계가 있다는 것을 안다. 그러나 그럼에도 불구하고 다체 비국소성의 탐구에서 할 일이 많이 남아 있다는 점은 사실이다.*

여러 쌍이 얽혀 있을 때, 예를 들어 A–B와 C–D가 같이 얽혀 있고, 양자공간이동에서 사용되었던 종류의 공동 측정(8장 참조)이 다른 쌍에 속한 시스템 사이에서, 예를 들어 B와 C 간에서 이루어지면 특히 재미있는 일이 일어난다. 다른 얽힌 쌍들은 서로 독립적이라고 가정하는 것이 자연스럽다. 만일 그런 쌍이 n개 있다면 우리는 n-국소성에 대해 이야기하게 된다. 이것은 얽힘의 두 가지 측면인 분리불가 상태와 공동 측정 모두를 사용하는 새로운 탐구분야를 연다.**

누가 누구와 얽히는지를 결정하는 권리는 누가 가지고 있는가? 비국소적 무작위성이 나타날 수 있는 장소에 대한 정보가 어디에 있는가? 이런 권리를 가지고 있는, 힐베르트 공간이라 불리는 어마어마한 수학적 공간을 관리하는 일종의 천사라도 있는가? 이 정보는 우리의 3차원 공간에는 현존하여 나타나

---

*   Svetlichny, G.: *Distinguishing three-body from two-body nonseparability by a Bell-type inequality*, Phys. Rev. D **35**, 3066 (1987); Collins, D., Gisin, N., Popescu, S., Roberts, D., Scarani, V.: *Bell-type inequalities to detect true n-body nonseparability*, Phys. Rev. Lett. **88**, 170405 (2002).

** Branciard, C., Gisin, N., Pironio, S.: *Characterizing the nonlocal correlations created via entanglement swapping*, Phys. rev. Lett. **104**, 170401 (2010); Branciard, C., Rosset, D., Gisin, N., Pironio, S.: *Bilocal versus non-bilocal correlations in entanglement swapping experiments*, Phys. Rev. A **85**, 032119 (2012).

지 않는다. 이런 유치하고 단순한 질문은 진중함에도 불구하고 거의 관심을 끌지 못해 왔다.

또 하나의 매우 전문적인 연구분야에 대해 간단히 이야기해 보자. 우리는 비국소성의 도움으로, 그렇지만 양자물리의 총체적인 수학적 기작을 쓰지 않고 어떤 것을 예측할 수 있는가? 4장에서 우리는 복제불가 정리가 완전히 증명될 수 있음을 보였다. 7장의 난수발생기와 양자암호통신과 같은 응용의 기본에서도 그랬다. 우리는 심지어 하이젠베르크의 불확정성 원리의 일부 특성을 재현할 수 있다.* 반면 우리는 오늘날에도 아직 벨 게임에서 사용되는 종류의 상자만으로 양자 공간전송을 시현하지 못한다. 여기서 어려움은 공동 측정에 있다. 우리는 아직도 양자물리의 수학적 체계를 쓰지 않고 본질적인 특성을 잡아낼 수가 없다. 이 연구의 중요성은 최근 유럽에서 인정받아 6개국의 연구자들을 모두 불러 모으는 DIQUIP 프로그램**으로 지원되고 있다.

'자유 의지 이론'

국소적인 설명이 모두 배제된 상태에서는, 비국소적이고 결정론적인 설명이 있을 수 없는지 묻는 것이 당연하다. 잠시 결정론적 비국소적 변수, 즉 측정의

---

* Scarani, V., Gisin, N., Brunner, N., Masanes, L., Pino, S., Acin, A.: *Secrecy extraction from no-signalling correlations*, Phys. Rev. A **74**, 042339 (2006).

** Device independent quantum information processing www.chistera.eu/projects/diqip.

결과를 완전히 결정할 수 있는 변수의 논지를 살펴보자.

이론상 이것은 그럴듯해 보인다. 양자이론은 확률을 예언하기 때문에 양자적 확률을 재현하기 위해서는 이런 결정론적 변수들의 확률적 조합을 고려하는 것으로 충분할 것이라고 생각할 수 있다. 이것이 사실 우리 학생들이 양자 현상을 시뮬레이션할 때 사용하는 상용프로그램의 기본 아이디어이다. 이것은 어떻게 작동하는가?

공간적으로 멀리 떨어진 두 사건에서 순서는 이 두 사건을 기술하는 관측계에 따라 달라진다는 점을 상기해 보자. 앞서 말했듯이 컴퓨터에서 양자현상을 보여주는 것 같은 경우가 아니라 일반적으로 결정론적 비국소 변수는 모든 관측계에서 같은 예측을 할 때만 유용할 것이다. 이런 변수는 공변한다고 말한다. 우리는 사실 이것이 불가능함을 보이려 하는데,* 그렇기 때문에 공변하는 결정론적 비국소 변수란 없다.

그런 비국소 결정론적 변수가 존재하지 않음을 보이려면 앨리스와 밥이 자유의지를 가지고 있다고 가정해야 한다. 그래서 어떤 사람들은 우리 인간이 정말로 자유의지를 가지고 있다면 전자나 광자, 원자 등의 양자적 입자들도 필연적으로 자유의지가 있어야 한다고 결론지었다. 이런 놀라운 방식으로 결과를 제시한 사람들은 영국 수학자 콘웨이John Conway와 미국 수학자 코헨 Simon Kochen이었으며, 그들은 이것을 자유의지 이론이라 불렀다.**

---

*   Gisin, N.: *Impossibility of covariant deterministic nonlocal hidden variable extensions of quantum theory*, Phys. Rev. A **83**, 020102 (2011).

** Conway, J.H., Kochen, S.: *The free will theorem*, Found. Phys. **36**, 1441-1473 (2006).

다시 한번 **귀류법**으로 논리를 전개해 보자. 논증이 좀 복잡하므로 만일 당신이 중간에서 흐름을 놓쳤다면 곧바로 결론으로 넘어가도 된다. 앨리스와 밥이 벨 게임을 하고 있고 앨리스가 밥보다 조이스틱을 약간 먼저 움직이는 관측계에서 보고 있다고 가정하자. 가설에 의해서 앨리스와 밥의 상자에 의해 생성되는 결과를 결정하는 비국소 변수를 k라고 하자. 그러므로 앨리스의 결과 a는 이 변수 k와 그녀의 선택 x에 따라 달라진다. 이걸 $a = F_{AB}(k, x)$라는 함수형태로 써 보자. 이 계에서 볼 때 밥이 자신의 조이스틱을 움직이면 결과 b가 변수 k와 자신의 선택 y에 의존할 뿐 아니라 앨리스의 선택 x에도 의존할 것이다. 이런 관계를 $b = S_{AB}(k, x, y)$라고 표현하자. 밥의 결과가 앨리스의 선택에 따라 달라지므로 여기가 바로 변수 k의 비국소성이 나타나는 부분이다.[*] 함수를 나타낸 문자 F_{AB}와 S_{AB}는 AB의 시간적 순서가 첫 번째와 두 번째 임을 나타낸다.

이제 똑같은 상황을 밥이 앨리스보다 약간 먼저 조이스틱을 움직이는 관측계에서 생각해 보자. 예를 들어, 이 두 번째 계는 앨리스에게서 밥을 향해 매우 빠르게 날아가는 로켓에 의해 만들어질 수 있다. 이 경우 밥의 결과 b는 오직 변수 k와 그의 선택 y에만 의존하므로 우리는 $b = F_{BA}(k, y)$라고 쓸 수 있다. 그러나 앨리스의 결과 a는 이젠 비국소 변수 k, 그녀의 선택 x, 그리고 밥의 선택 y에 따라 달라지므로 $a = S_{BA}(k, x, y)$라고 쓸 수 있다. 다시 한번 함수를 나타내는 문자인 F_{BA}와 S_{BA}는 BA의 시간적 순서가 첫 번째와 두 번째 임을 나

---

[*] 더 정확히 말하자면 변수는 본질적으로 국소적이거나 비국소적인 것이 아니다. 현재의 경우 물리학자들이 변수 k가 비국소적이라고 말하는 것은 함수 S_{AB} 때문이다.

타낸다.

그러나 앨리스의 결과 a는 실험(게임)을 기술하는 관측계에 따라 달라질 수가 없다. 그러므로 언제나 $a = F_{AB}(k, x) = S_{BA}(k, x, y)$여야 한다. 이런 등식은 S_{BA}가 사실 y값에 의존하지 않아야 가능하므로 앨리스의 결과는 밥의 선택에 따라 달라질 수 없다. 마찬가지로 밥의 결과도 앨리스의 선택에 따라 달라질 수 없다. 그러나 이것은 벨이 1964년에 확립한 국소성 조건이다. 앨리스의 상자는 그 결과를 국소적으로 생성하고 밥의 상자도 마찬가지이다. 이 경우 우리가 봤다시피 앨리스와 밥은 벨 게임에서 4번에 3번 이상 이길 수 없다. 그들이 4번에 3번 이상 이긴다면 이것은 결정론적이며 공변하는 비국소적 변수의 가능성이 없음을 의미한다.

정리하자면 유일하게 남은 가능성은 비결정론적 비국소성 변수라는 것이다. 이것이 양자이론이 벨 게임을 기술하는 방식이다. 여기서 비결정론적은 또 하나의 부정적 형용사임을 주목하자. 이 표현은 이 변수가 무엇인지, 어떻게 이 변수들이나 이 모델들이 벨 게임을 기술하는지 말하지 않는다. 이 표현은 단지 결정론적이 아님을 주장할 뿐이다. 특히 비결정론적은 보통의 의미에서 확률적을 의미하지는 않는데, 이것은 결정론적 경우의 확률적 혼합이 아니기 때문이다(이 연구의 좋은 예가 콜벡과 푸시가 쓴 논문*에 나온다).

---

*   Colbeck, R., Renner, R. : *No extension of quantum theory can have improved predictive power*, Nature. Communication. **2**, 411 (2011) ; Pusey, M. F., Barrett, J., Rudolph, T. : The quantum state cannot be interpreted statistically, Nature Physics 8, 476-479 (2012).

숨겨진 영향?

이 또한 부정적인 주제이긴 하지만 마지막 결과 하나를 그냥 지나칠 수는 없다. 국소성, 즉 물체나 영향이 한 점에서 다른 점으로 점프하거나 끊어짐 없이 연속적으로 퍼져 나간다는 사상, 우리 속에 너무나 단단히 자리를 잡아서 벗어나기가 매우 어려운 그 사상을 살리기 위해 앨리스나 그녀의 상자가 21세기 초 물리학자들의 눈에는 보이지 않는 어떤 미묘한 방법으로 밥에게 영향을 미쳤다고 가정하고 싶은 심정은 너무나 당연하다. 혹은 누가 먼저 선택을 했느냐에 따라 밥이 앨리스에게 영향을 미칠 수도 있다. 이런 시간 순서는 관측계의 선택에 따라 임의로 결정되므로 모든 연관된 사건들의 시간 순서를 최종적으로 결정하는 어떤 특별한 계가 있다고 상상하고 싶어진다. 우리는 이런 영향의 속도의 하한선을 설정하는 실험들이 있음을 보았다(9장 참조). 그러나 이런 명백한 비국소성이 오늘날의 물리가 아직 알지 못하는 특별한 계에서 무지막지한 속도로 앨리스와 밥 사이를 한 점에서 다른 점으로 연속적으로 퍼져나가는 영향일 수는 없는 것일까? 이 가설에 따르면, 이 영향이 제시간에 도착하면 관측된 상관관계는 양자이론에서 예측하는 것이며, 반대로 제시간에 도착하지 않으면 이 상관관계는 필연적으로 국소적이어야 하고 우리는 벨 게임에서 이길 수 없다. 이런 가설은 아인슈타인의 상대론의 정신을 존중하지 않지만 그 이론의 어떤 실험적 테스트와도 위배되지 않는다. 간단히 말해서 이 가설은 우리에게 벨 게임에서 이기게 해 주는 비국소적 양자 상관관계처럼 상대론과 평화롭게 공존관계를 유지한다.

시초에는 이런 설명을 배제하는 것이 불가능해 보였다. 기껏해야 우리는 9

장에서 설명한 바와 같이 이런 가설적 영향의 속도 하한선을 설정하는 실험을 할 수 있을 뿐이었다. 그러나 우리는 이보다 더 똑똑하게 굴 수 있다.

빛보다 빨리 퍼져나가는 영향의 존재는 필연적으로 빛보다 빨리 통신할 수 있음을 뜻하는가? 이런 영향이 영원히 숨겨진 채로 있을 것이라 상상할 수도 있다. 그건 별로 물리적으로 들리지는 않지만, 물리학자들이 이런 가설적 영향을 조절할 수 없기 때문에 빛보다 빠른 통신에 사용할 수 없을 거라고 생각하는 것도 자연스럽기는 하다.

그러나 놀랍게도 이런 영향을 조절할 수 없으면 빛보다 빠른 통신도 할 수 없을 거라는 간단한 가설이 이런 영향이 존재할 수 없다는 충분한 증거가 된다. 이런 결과는 이 책을 쓰는 도중에 내 학생인 뱅칼Jean-Daniel Bancal과 말레이시아 박사후연구원 리앙Yeong-Cherng Liang 그리고 지금은 부뤼셀에 있는 피로니오Stefano Pironio, 바르셀로나에 있는 아신Antonio Acin, 그리고 싱가포르에 있는 스카라니 등 나의 옛 동료 세 명과 나 자신에 의해 얻어졌다. 이것은 10년도 더 전에 시작된 위대한 탐험의 정점이었다. 오랜 시간 동안 연구해 얻은 결론이기에, 이에 대한 설명은 그리 간단하지 않다. 이 발전을 요약할 생각인데, 독자 여러분은 그냥 결론으로 건너뛰어도 된다. 그저 빛보다 빠르더라도 유한한 임의의 속도로 전파하는 영향이 있다는 극단적인 가설도 배제될 수 있음을 이해하시라. 자연은 틀림없이 비국소적이다.

초광속 영향의 가설은 우리의 친구들 앨리스와 밥과 같은 두 파트너 사이의 모든 실험결과를 재현할 수 있다. 어떤 실험적 동기화도 완전할 수는 없기 때문에 사실 우리는 이런 영향들이 두 개 사건을 연관시킬 만큼 충분히 빠르다고 언제나 가정할 수 있다. 세 파트너가 있는 경우에는 이 문제가 아직 해결되지 않았다.[*] 파트너가 넷인 경우 우리는 다음과 같은 논의를 발견했다. 네 명의 파트너를 A, B, C, D라고 하고 특별한 계에서 A가 제일 먼저 실험한 다음 D가 실험하며, 마지막으로 B와 C가 거의 동시에 실험을 하는데, A의 영향이 나머지 세 명의 파트너에게 동시에 도착하고, D의 영향이 B와 C에 동시에 도착하며 나머지 둘은 서로에게 아무 영향도 주지 못하게 한다. 숨겨진 영향 가정에 따르면, 이런 특별한 상황에서의 상관관계 ABD와 ACD는 양자이론에 의해 예상된 것이다. 그러나 상관관계 BC는 국소적이다. 그러나 우리는 BC가 국소적이며 전달 없는 통신에 사용될 수 없는 4파트 상관관계 모두에서 만족되는 매우 놀라운 부등식을 발견했다.[**] 더구나 이 부등식은 ABD 사이의 상관관계와 ACD 사이의 상관관계만을 포함하고 있다. 이 두 삼중항 각각은 숨겨진 영향 가설에 의해 서로 연결되어 있어서, 예를 들면 A가 D에 영향을 주고 D는 B에 영향을 준다. 그러므로 이런 상황에서 유한한 속도의 숨겨진 영향을 사용하는 어떠한 모델도 이 부등식에 대해 양자이론과 같은 값을 예측한다. 그러나 양자 예측은 우리의 부등식을 위반하며, 그래서 우리는 유한한 속도의 숨겨진 영향에 기대는 어떠한 모델도 필연적으로 초광속 통신을 허용하는 상관관계를 생성한다고 결론지을 수 있다.

[*] 이 책을 끝낸 후 이 질문에 대한 답이 이 논문에서 주어졌다. T.J. Barnea, J.D. Bancal, Y.C. Liang, and N. Gisin: *Tripartite quantum state violating the hidden-influence constraint*, Phys. Rev. A **88**, 022123 (2013).

[**] Bancal, J.D., Pironio, S., Acin, A., Liang, Y.C., Scarani, V., Gisin, N.: *Quantum nonlocality based on finite-speed causal influences leads to superluminal signaling*, Nature Physics **8**, 867 (2012), arXiv: 1210.7308.

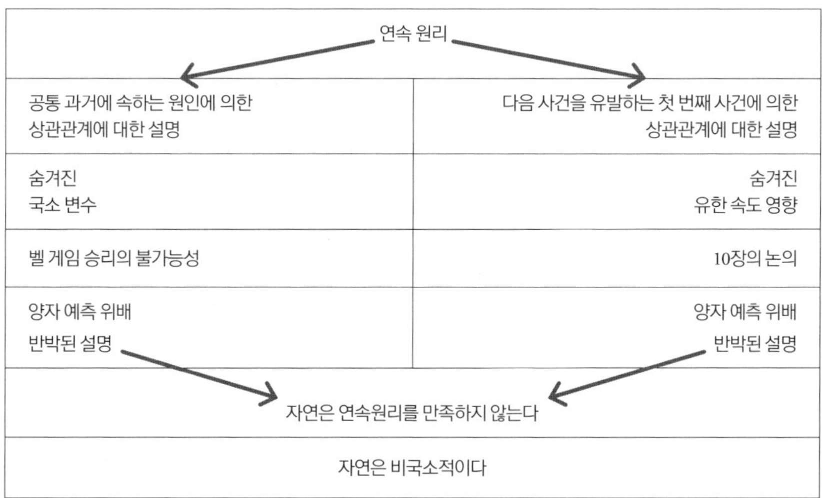

그림 10.1 존 벨의 연구 계획. 오늘날 이 계획은 완성되었다. 양자물리에 의해 생성될 수 있는 어떤 상관관계들에 대한 국소적 설명은 불가능하다. 자연은 비국소적이며 전파 없는 통신을 배제하는 비국소성의 형태를 허락하기 위해 신은 주사위 놀이를 한다.

위에 기술한 결과는 존 벨에 의해 시작된, 모든 것이 한 점에서 다음 점으로 공간 상에서 연속적으로 전파되어 간다는 연속원리를 통해 양자적 상관관계를 설명하려는 계획을 완성하고 있다. 그림 10.1이 이 계획을 묘사한다. 다시 한번 말하지만 피할 수 없는 결론은, 원거리 사건들은 불연속적으로 연결되어 있어서 자연은 진실로 비국소적이라는 것이다.

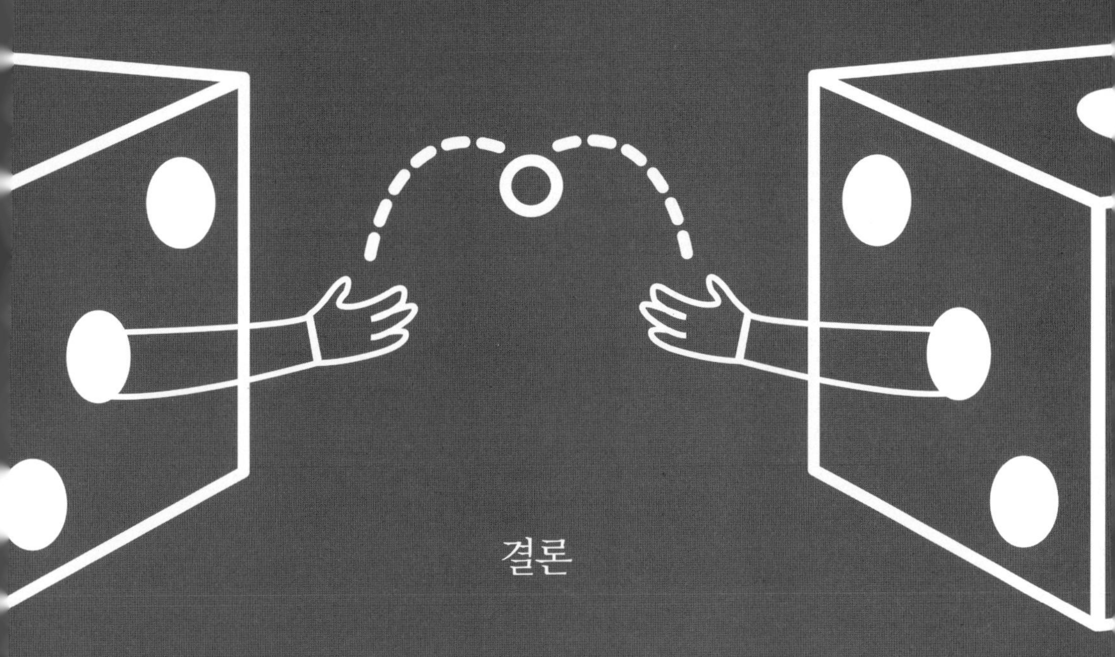

결론

자 이제 우리는 이 책의 마지막까지 왔다. 앞서 경고했듯이 모든 것을 이해하지는 못했을 것이다. 양자 물리가 왜 비국소적인지는 아무도 모른다. 한편 이 책을 읽으며 자연이 결정적이 아니며 진정으로 순수한 창조행위를 할 능력이 있다는 것을 이해했을 것이다. 다시 말해서, 자연은 진짜로 우연적 현상을 만들어낼 수 있다. 더구나 이런 현상들이 더 이상 논란의 여지 없이 우연적이며 우리에게 숨겨진 채로 이전부터 존재하던 것이 아니라는 발상을 깨닫는 순간, 이 무작위성이 여러 장소들에서 서로 간의 통신 없이 동시에 홀연히 나타나는 것을 막을 수 있는 것은 아무것도 없다는 점을 이해하게 된다.

이 장소들은 임의적인 것이 아니라 먼저 얽혀야 한다. 얽힘은 전자나 광자 같은 양자적 물체에 존재하며 이런 물체들은 빛보다 같거나 느린 유한한 속도로 전파된다. 이런 의미에서 비록 비국소적 무작위성이 임의로 멀리 떨어진 두 장소에서 발현된다고 해도 거리와 공간의 개념은 여전히 관련이 있다.

나는 이 책에서 시간이 흐름에 따라 공간에서 일어나는 이야기들로는 자연이 비국소적 상관관계를 생성하는 방법을 설명하지 못한다는 의미에서, 비국소적 상관관계는 어떻게든 시공간 밖에서 생겨나는 것으로 보인다고 말했다. 사실상, 우리에게 비국소적 상관관계의 등장을 설명할 수 있으면서도, 사물과 사건들이 어떻게 서로에게 영향을 미치고 움직여 다니며 한 점에서 다음 점으로 연속적으로 전파되어 가는지 말해 줄 수 있는 정상적인 이론은 없다. 그러나 그것이 물리학자들이 자연을 이해하려는 모든 노력을 버려야 함을 뜻하는가? 많은 물리학자들이 이 문제에 대해 별 관심이 없는 것 같이 보이는 점이 나에게는 언제나 놀랍다. 그들은 필요한 계산만 할 수 있으면 만족한 듯 보인다. 아마도 물리학자들은 컴퓨터가 자연을 이해한다고 말하고 싶은 걸까?

그러나 과학은 언제나 타당한 설명을 추구한다는 특징을 가진다.

양자물리가 나타나기까지 과학에서 예견되고 관측된 모든 상관관계는 한 점에서 다른 점으로 연속적으로 퍼져나가는 인과사슬, 즉 국소적 논리에 의해 설명되어 왔다. 이 모든 양자이론 이전의 설명들은 또한 결정론적 특징을 갖는다. 원칙적으로 모든 것은 초기 조건에 의해 결정된다. 이런 결정론적 인과 사슬의 세부를 따라가는 것이 실제로는 불가능한 경우가 자주 있었지만, 물리학자들은 그 존재를 절대 의심하지 않았다. 그러나 양자 물리는 우리에게 비국소적 상관관계에 대해 새로운 형태의 좋은 설명을 만들기를 요구한다.

그러나 우리가 어떻게 비국소성을 설명할 수 있을까? 우리의 양자이론 이전 개념 도구들로는 설명할 수 없으며, 따라서 우리는 우리의 도구상자를 확장할 필요가 있다. 한 가지 방법은 얽힌 물체들이 만들어 낸 비국소 무작위성에 대해서 얘기하는 것이다.

10장에서 이야기한 **PR**상자와 같은 개념적 도구 주사위를 상상해 보자. 이 주사위는 앨리스와 밥 모두에 의해 던져져서 앨리스와 밥 모두에게 무작위한 결과를 준다. 이 비국소적 주사위는 앨리스의 선택 혹은 밥의 선택에 의해, 즉 앨리스와 밥이 각자의 상자의 조이스틱을 움직임으로써 던져지고 측정된다. 좀 더 격식을 갖춰 이야기하자면, 앨리스가 입력 x를 고르거나 밥이 입력 y를 고르면서 무작위한 과정이 시작된다. 결과 a나 b는 무작위하나 어떻게든 벨 게임의 저변에 깔린 상관관계, 즉 $a + b = x \times y$를 선호하는 방식으로 서로 관련 있음(끌어당김)이 보장되어 있다. 이런 설명을 허락한다면 우리는 비국소성을 이해할 수 있다. 마치 인간을 포함한 모든 질량이 지구에 의해 당겨진다고 받아들이면서 결국 만유인력을 이해하는 것처럼. 만유인력의 문제는 냉장고 자석의 예와 유사하다. 만일 양자암호통신에 친숙해지면 우리 애들에게 이렇게 말할 수 있을 것이다. 비국소성이란 양자암호통신에서와 비슷해. 밥에게 비밀열쇠를 보내는 것은 앨리스가 아니고, 앨리스에게 비밀열쇠를 보내는 것도 밥이 아니야. 서로 멀리 떨어져 있지만 동시에 그들 옆에서 구현되는 비밀열쇠를 같이 생성하는 것은 앨리스와 밥이야.

이게 비국소적 무작위성을 설명하는 유일한 방법인가? 혹자는 앨리스의 선택이 밥의 양자시스템에서는 시간이 제대로 흘러가서 작동하는 반면, 얽힘의 원천에서는 시간을 거꾸로 가서 작동한다는 의미에서 역인과론을 이야기하기도 한다. 그러므로 역인과론은 시간을 거꾸로 과거로 가서 작동한다. 이것은 한 점에서 다른 점으로 공간을 따라 전파되지만 과거를 향한다. 개인적으로 나는 비국소성이 상대론처럼 우리에게 익숙한 시간의 개념에 어려움을 만들어낸다는 점은 의심하지 않지만, 그러나 연대기적으로 시간에 대해 반대로 가는 반인과율은 너무 앞서 나간 발상으로 생각된다.

나는 이 접근을 오늘날의 연구의 실례로 언급한다. 독자들은 내가 서로 아무리 멀리 떨어져 있어도 여러 곳에서 동시에 발현될 수 있는 비국소성의 아이디어에 기반한 나의 설명을 선호한다는 점을 이해했을 것이다. 그러나 미래는 나를 놀라게 하고 미래 세대가 매우 다른 형태의 설명을 취하게 될 수도 있다. 그러나 한 가지는 명백하다. 우리는 비국소성을 설명하게 된다. 물리학자들은 세상을 이해하려는 거대한 계획을 절대 버리지 않으며 이에 대한 설명도 찾아낼 것이다.

그러므로 비국소적 무작위성은 우리가 세상을 이해하기 위해 수 세기 동안 쌓아 올린 다른 도구들과 함께 우리의 개념 도구상자에 포함되어야 할 새

로운 설명 모드이다. 그리고 이것은 순수하게 개념적인 혁명이다! 양자이론은
비국소적 상관관계의 존재를 예측하기 때문에 우리는 임시로라도 이런 새로
운 설명을 채택하지 않을 도리가 없다.

양자적 비국소성이 물리학의 중심 개념으로 받아들여지기까지는 오랜 시
간이 필요했다. 오늘날에도 많은 물리학자들이 비국소적 이라는 용어를 배척
한다.* 그리고 1935년부터 아인슈타인과 슈뢰딩거는 그 어떤 물리학자들보다
도 이런 점이 양자 물리의 주된 특성이라고 주장했다. 이 모든 의심 많은 물리
학자들이 파악하지 못한 것은 양자 비국소성이 통신을 허락하지 않는다는 점
이었던 것으로 보인다. 앨리스에게서 밥에게로 가는 것은 아무것도 없으며 거
꾸로 가는 것도 없다. 그냥 무작위한 사건이 여러 장소에서 국소적으로는 기
술될 수 없는 방식으로 발현될 뿐이다. 아인슈타인이 비국소적 작용 이라고
말한 것은 잘못됐는데 앨리스가 밥에게 혹은 밥이 앨리스에게 하는 작용이 없
기 때문이다. 그러나 이 점이 양자 물리를 고전 물리와 가장 잘 구분하는 속성
이기 때문에 그가 양자이론의 이런 면의 중요성을 강조한 것은 매우 옳았다.
오늘날 한 계가 양자시스템임을 확신하고 싶을 때 우리는 비국소적 상관관계
를 만들 수 있음을, 즉 벨 게임에서 이길 수 있음을 보여야 한다. 오늘날 벨 부

* 지난 20년 동안 세상은 상당히 달라졌다. 양자 정보가 등장하고 거대한 고체물리 공동체가 전환
  하면서 20년 전에는 금지되어 있던 비국소성, 비국소적 상관관계, 완전한 무작위성, 벨 부등
  식 과 같은 용어들의 사용이 급증했다. 그러나 꼼짝하기도 거부하는 고에너지 물리 같은 거대 공
  동체도 있다. 이 물리학자들은 물리에서 자신들의 분야만이 근본적인 문제를 다루며 나머지 물
  리는 그저 미화시킨 공학에 불과하다고 생각하는 것 같다. 20 세기에 물리학자들의 수는 대단히
  증가했는데, 이 공동체의 사회학은 연구할 가치가 있다.

등식의 위배는 양자 세상의 서명이나 마찬가지이다.

그러나 여전히 이것은 우리의 직관에 대한 심각한 타격이다. 이제 개발되고 있는 양자기술이 양자물리와 그 비국소성을 언젠가 우리에게 직관적으로 만들어 줄까? 나는 그럴 거라고 생각한다. 우리는 구식표현인 양자역학 을 체계적으로 양자물리 로 바꿈으로써 시작할 수 있을 것이다. 이 특별한 물리학에는 역학 같은 것이 전혀 없다.

이제 요점을 다시 한번 요약해 보자. 우리는 비국소적 상관관계와 진정한 무작위성이 매우 긴밀하게 연결되어 있음을 보았다. 진정한 무작위성이 없다면 비국소적 상관관계가 필연적으로 전달 없는(그러므로 임의의 속도인) 통신에 사용될 수 있다. 그러므로 이 책의 중심 개념은 필연적으로 진정한 무작위성의 존재와 이에 따른 결정론의 종말을 의미한다. 역으로 진정한 무작위성의 존재를 받아들이면, 비국소적 상관관계가 더 이상 그 완강한 결정론이 우리로 하여금 믿게 만든 고전물리만큼이나 미친 짓으로 보이지는 않는다. 사실 자연이 진정으로 우연한 사건들을 만들 능력이 있다면, 자연에서 관측되는 상관관계들이 왜 국소 상관관계에 국한되어야 하겠는가?

비국소성이 형이상학, 즉 현대물리학이 제안하는 세계관에 던진 충격은 상당히 컸다. 원자적 관점이 유럽에 퍼지기까지 수세기가 걸렸다. 이것은 막대한 수의 원자로 만들어진 세상이었다. 마치 눈에 안 보이는 작은 구슬들이 여러 가지 방식으로 모여서 우리가 아는 모든 물체를 구성하듯이. 원자들의 불규칙한 운동이 열이라는 느낌을 만들고 우리에게 산업혁명을 가져다 준 증기기관에 에너지를 공급한다. 이때 중국에서 이런 세계관은 지식인들 사이에서 별다른 지지를 받지 못했을 것이다. 그들은 우리 감각의 인지는 빈 공간에 의해 금지되기 때문에 원자 사이의 빈 공간으로 가득 찬 세상에서 우리는 볼 수도 들을 수도 없다고 느꼈다.* 사실 고대 중국의 형이상학에서는 원격작용이 완전히 자연적이며 모든 것을 모든 것에 연결하는 우주의 조화에 속했다. 양자 물리는 이런 전체론적 세계관을 지지하지 않는다. 양자물리에서는 모든 것이 다른 모든 것과 얽혀 있는 것은 아니며 몇 개의 드문 사건들만이 비국소적으로 연관되어 있다. 그리고 무엇보다도, 또 반복하는 이야기지만, 여기서 저기로 작동하는 인과란 없다. 얽힘은 그 효과가 여러 곳에서 나타날 수 있는 일종의 확률적 원인 이어서 원거리 통신을 허락하지 않는다. 얽힘은 물체가 어떤 질문에 이렇고 저런 관련성 응답을 하는 자연의 경향을 결정한다. 이 응답은 결정론적이 아니며 물체의 상태에 쓰여져 있지 않다. 이것은 그저 물체의 상태에 적힌 이런저런 결과를 만들어내는 경향일 뿐이다.

개인적으로 나는 양자적 물체가 물리학자들이 묻는 모든 질문에 모든 답을 가지고 있지 않으며 이런 답을 만들어내는 경향만을 지녔다는 사실이 그리 이상하다고 생각지 않는다. 나는 세상이 결정론적이지 않다는 사실을 어렵지 않게 받아들인다. 이 세상은 잘 정의된 법칙을 따르는 경향과 우연성 사건으로 가득 차 있어서, 내 눈에는 태초부터 모든 것이 완전히 미리 결정돼 있던 세상보다 훨씬 더 흥미롭게 보인다.

그러나 이 세상에 대해서는 물론 배울 것이 아직도 많이 남아 있다. 특히 우리는 아직도 양자이론과 아인슈타인의 상대론을 어떻게 호환시킬 수 있는지 알지 못한다. 그리고 전 수학적 구조도, 정보처리 분야에의 응용성도, ─ 그

*   Needham, J.: *Science in Traditional China*, Harvard University Press, 1981.

리고 아마도 이게 제일 놀라울 텐데 — 비국소성의 한계도 알지 못한다. 왜 양자물리는 더 많은 비국소성을 허락하지 않는가?

위에서 제기한 마지막 질문은 우리가 아인슈타인, 슈뢰딩거, 그리고 벨 이후 달려온 거리를 잘 보여준다. 그 당시의 질문은 이러했다. 양자이론이 예측하는 비국소적 상관관계는 정말로 존재하는가? 오늘날에는 어떤 물리학자도 이것을 의심할 수 없다. 이제 문제는 이를 상대론과 접목시켜서 비국소성의 한계를 이해하는 것이다. 우리가 해야 할 일은 양자 비국소성을 양자이론 밖에서 연구하는 것이다. 그리고 그 일을 우리가 하고 있다.

역자 후기

내가 지생 박사를 처음이자 아마도 유일하게 만났던 것은 7~8년 전이었던 것으로 기억한다. 1990년도 후반기, 2000년도 전반기에만 해도 한국에서는 그때 당시 비교적 새롭게 대두되던 학문이었던 양자정보학을 연구하는 학자가 몇 명 안 되었지만, 그 후 5~6년 사이에 여러 우수한 연구자들이 좋은 연구를 수행하면서 이 분야에서의 한국의 위상도 많이 올라가 있던 때였다. 그 무렵 고등과학원에서 양자정보학 분야의 국제학회를 여러 번 개최했는데 이 분야에서 내로라하는 스타들 ― 베넷Bennett, 브라사드Brassard, 차일링거Zeilinger, 조차Jozsa, 그로버Grover, 씨락Cirac, 에커트Ekert ― 이 한두 번씩 한국을 방문해서 학회에 참석했었다. 지생 박사도 물론 그때 한국을 방문했던 스타 중 한 사람이었다.

지생 박사의 이 책을 번역해 보겠냐는 제의를 처음 받았을 때 우선은 오랫동안 못 만났던 친구를 다시 만나는 듯한 반가움에 책의 내용을 자세히 보기도 전에 해 보겠다는 생각이 들었다. 사실 나는 일반인에게 수학 없이 과학을, 특히 양자물리를 쉽게 , 그렇지만 과학적 정밀성을 잃지 않고 설명하려는 책을 많이 보아 왔고 또 나 자신도 그런 책을 써 볼까 하는 생각도 여러 번 해 봤지만, 이런 책들이 근본적으로 불가능한 시도를 하는 것이 아닐까라는 회의를 항상 갖고 있었다. 원래의 의도와는 반대로 이런 책들은 하나같이 일반인들에게는 너무 어려워 보였고 오히려 전문지식을 가진 과학자들에게 아, 이것은 이렇게도 설명이 되는구나 라는 깨달음과 통찰력을 주는 유익한 책들로 보였다. 지생 박사의 이 책을 처음부터 끝까지 한번 훑어본 다음에 내가 가졌던 느낌은 역시 이 책도 그 범주를 벗어나지 못했다는 것이었다. 사실 이 책을 자세히 뜯어서 읽고 번역을 끝낸 지금도 물리학에, 특히 양자물리학에 전문지식이 없는 독자가 이해하기에는 상당히 어려울 것이라는 생각에 변함은 없다. 그럼에도 불구하고 아래에 설명하겠지만 나는 이 책을 그런 비전문가들에게도 권하고 싶은 이유가 있다.

우선 물리학을 전공한 독자로서 얘기해 보겠다. 추천의 글을 쓴 아스뻬 박사의 말을 인용하면 지생 박사는 이 책에서 제2의 양자혁명 이라고 일컬을 만큼 중요한 문제를 다루고 있다. 그가 수십 년에 걸쳐서 수행했던 세계 최고 수준의 연구에서 나온 결과를 바탕으로 그는 이 세상이 어떻게 돌아가는가 라는 근본적인 문제에 대해서 그 특유의 깊은 통찰력을 발휘해서 상당히 매력적인 설명을 제시하고 있다. 사실 나 자신도 반세기 동안 물리학, 특히 양자물리학을 배우고 연구하면서 다른 물리학자들과 마찬가지로 이 미묘하고 매력적인 학문에 빠져들지 않을 수 없었다. 그리고 역시 다른 물리학자들과 마찬가지로 이 완벽한 이론에도 한 가지 허점이 있다고 생각해 왔다. 그것은 측정$_{measurement}$에서 오는 상태함수 붕괴$_{wave\ function\ collapse}$ 의 문제이다. 이 붕괴현상만은 모든 물리적 현상이 유니터리 변환$_{unitary\ transformation}$으로 완벽히 기술되는 양자물리 이론의 밖에 있다고 생각되었고, 여기가 바로 양자물리학에 보완이 필요한 부분이라고 생각해 왔다. 그런데 지생 박사는 이 문제에 대해서 과감한 해결책을 제시한다. 붕괴현상을 기존의 틀에서 설명하려는 대신 지생 박사는 양자우연성의 개념을 도입하여 자연에 존재하는 특징으로 과감히 받아들였다. 그렇게 함으로써 그는 얽힘entanglement에서 오는 비국소성nonlocality과 아인슈타인이 옹호하던 상대론적 인과관계relativistic causality가 평화롭게 공존할 수 있다는 것을 매우 조리 있고 조직적으로 설명한다. 번역을 마치면서 나는 우연chance , 무작위성randomness 의 개념이 자연의 법칙을 지배한다는 그의 주장이 상당한 설득력을 가지고 있다고 믿게 되었다.

그런데 우연하게도 (이 책에서 강조하는 우연이 내게도 적용되나 보다) 번역을 끝낸 며칠 후에 미치 앨봄Mitch Albom의『모리와 함께 한 화요일Tuesday with Morrie』을 선물 받았다. 오래 전에 읽었던 책이지만 다시 한번 훑어보던 중, 저자가 출간 10주년을 기념해서 쓴 서문에서 모리 교수가 한 다음과 같은 말이 적혀 있는 것을 보았다. 이 모든 것들을 전부 우연이라고 믿기에는 우주란 너무나 조화롭고 웅장하고 압도적이군. 한때는 무신론자였던 모리 교수가 신체는 이미 텅 빈 나무와 같았고 누구나 대신 씻겨주고 입혀주지 않으면 안 될 정도 의 비참한 상황에서 세상을 떠나기 직전에 이런 말을 했다는 것이다. 35년을 미국의 대학에서 강의한 사회학 노교수가 세상을 떠나기 직전에 남긴 이 지혜로운 말을 믿을 것인가, 아니면 수십 년의 연구를 거쳐서 과학적인 해결책을 제시한 세계 최고의 물리학자인 63세의 노교수의 말을 믿을 것인가? 이것은 과학자만의 문제가 아니라 모든 사람에게 절실하고 중요한 문제이다. 이런 의미에서 이 책은 과학자는 물론이고 전문 지식이 없는 일반인에게도 소개할 가치가 있다는 생각이 들고, 따라서 이 책을 번역하게 된 데에 보람을 느낀다고 말한다면 번역자의 자기변명이 되는 것일까? 이 조그만 책은 양자물리학이 지배하게 될 21세기에 사는 현재와 미래의 모든 사람에게 깊이 생각하고 이해해야 할 과제를 던져주고 있다.

2015년 6월

이해웅, 이순칠

양자우연성

1판 1쇄 인쇄 2015년 6월 29일
1판 2쇄 발행 2021년 5월 4일

지은이 니콜라스 지생
옮긴이 이해웅, 이순칠
감수 김재완

펴낸이 황승기
마케팅 송선경
편집 최형욱, 김슬기, 황승기
디자인 김슬기

펴낸곳 도서출판 승산
등록날짜 1998년 4월 2일
주소 서울시 강남구 테헤란로34길 17, 혜성빌딩 402호
대표전화 02-568-6111
팩스 02-568-6118
전자우편 books@seungsan.com

ISBN 978-89-6139-061-3   93400

값 15,000원

이 도서의 국립중앙도서관 출판시도서목록(CIP)은
서지정보유통지원시스템 홈페이지(http://seoji.nl.go.kr)와
국가자료공동목록시스템(http://www.nl.go.kr/kolisnet)에서 이용하실 수 있습니다.
(CIP제어번호: CIP2015015615)